改訂版

小学校6年間の算数が1冊でしっかりわかる本

東大卒プロ算数講師
小杉拓也

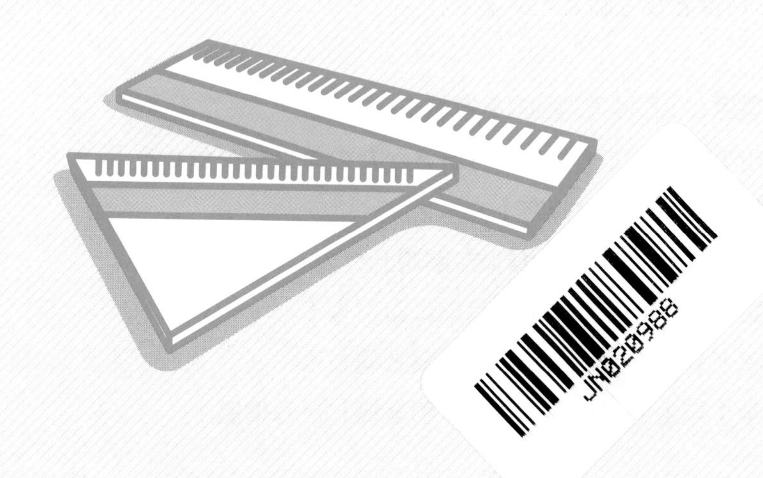

本書は、小社より2015年に刊行された『小学校6年間の算数が1冊でしっかりわかる本』を、2020年度からの新学習指導要領に対応させた改訂版です。

かんき出版

はじめに
1冊で算数6年分がわかる決定版！

本書を手に取っていただき、誠にありがとうございます。

この本は、1冊で小学6年分の算数をゼロからしっかり理解するための本（**2020年度からの新学習指導要領に対応した改訂版**）で、主に、次の方を対象にしています。

① **お子さんに算数を上手に教えたいお父さん、お母さん**
② **復習や予習をしたい小学生や中学生**
③ **学び直しや頭の体操をしたい大人**

小学6年分の算数がわかる本は、他にも何冊かありますが、その中で「**後にも先にもこれ以上のものはない最高の決定版をつくりたい**」と思ったことが、本書を執筆するきっかけとなりました。

「後にも先にもこれ以上のものはない最高の決定版」にするために、本書は7つの強みを、独自の特長として備えています。

その1 **各項目に 教えるときのポイント！ を掲載！**
その2 **学校では教えてくれない「解きかたのコツ」がわかる！**
その3 **家庭学習の心強い味方！**
その4 **「学ぶ順序」と「ていねいな解説」へのこだわり！**
その5 **用語の意味を大切にし、巻末（かんまつ）に索引（さくいん）も！**
その6 **範囲とレベルは小学校の教科書と同じ！**
その7 **小学1年生で習う「たし算、引き算」から掲載！**

「わかる」ことは、「楽しさ」につながります。

苦手なところや、つまずいてしまったところを、この本でなくしていけば、算数が得意な教科になります。

少しずつ、算数のおもしろさを知っていただければ幸いです。

『改訂版 小学校6年間の算数が1冊でしっかりわかる本』の7つの強み

その1 各項目に 教えるときのポイント！ を掲載！

「子どもに算数をどう教えたらいいのかわからない」
「時間をかけて教えても、子どもの成績が伸びない」
「『なぜ？』と聞かれても、うまく答えられない」
……など、お父さん、お母さんの悩みは尽きません。

そこで本書では、私の20年以上の指導経験から、「**成績が上がる教えかた**」や「**つまずきやすいところ**」など、算数を教えるときのポイントをすべての項目に掲載しました。

その2 学校では教えてくれない「解きかたのコツ」がわかる！

本書は、お子さんをもつ親御さんだけでなく、**復習・予習をしたい小学生と中学生、算数を学び直したい大人**に向けた内容にもなっています。

教えるときのポイント！には、各項目を理解するために重要なことや、ミスを防ぐための考えかたなど、**学校では教えてくれないコツ**を盛り込みました。また、大人も楽しめる算数の雑学も載っているので、用途に合わせて読んでください。

その3 家庭学習の心強い味方！

「家庭でしっかり学習する生徒ほど、算数の正答率が高い傾向がある」という調査結果があります（文部科学省「全国学力・学習状況調査の結果」より）。

多くの生徒と接してきた私の経験からも、それは間違いないと断言できます。とはいえ、子どもが一人で学習できる力は限られています。**家庭学習では、お父さんやお母さんの手助けが不可欠**なのです。家庭学習を習慣づけるために、本書が心強い存在になるでしょう。

その4 「学ぶ順序」と「ていねいな解説」へのこだわり！

算数の学習をすると、**論理的な思考力を伸ばす**ことができます。「A だから B、B だから C、C だから D」と、順番に答えをみちびくことが必要だからです。

論理的に算数を学べるように、本書は「はじめから順に読むだけでスッキリ理解できる」構成になっています。

また、読む人が理解しやすいように、とにかくていねいに解説することを心がけました。シンプルな計算でも、途中式の意味をはぶかずに、ひとつひとつ解説しています。

その5 用語の意味を大切にし、巻末(かんまつ)に索引(さくいん)も！

算数の学習では、用語の意味をおさえることがとても大事です。

例えば、「平行四辺形と台形の違いは？」という問いかけに、「平行四辺形は平行な四角形で、台形はこんな形……」というあいまいな答えをしていては、○はもらえません。

本当の意味で「小学校６年間の算数がわかる」には、算数で出てくる用語とその意味を知っておく必要があります。そこで本書では、用語の意味をしっかり解説した上で、気になったときに用語を探せるように、巻末に索引をつけています。読むだけで、「用語を言葉で説明できる力」を伸ばしていくことができます。

その6 範囲とレベルは小学校の教科書と同じ！

本書で扱う例題や練習問題は、小学校の教科書の範囲に合わせた内容になっています。「比例式」の１項目だけは発展的な内容を含んでいますが、それ以外の58項目については、教科書の範囲と重なっています。

また、2020年度からの「新学習指導要領」では、ドットプロットという用語や、それまで中学数学の範囲だった代表値(だいひょうち)、階級などの用語が、小学算数の範囲である「データの調べかた」の単元に加わりました。本書では、これらの新たな範囲もしっかりと解説しています。

その7 小学１年生で習う「たし算、引き算」から掲載！

小学１年生で習う「８＋７＝」という問題を、お子さんにどう教えますか。図をかく、おはじきを使う、指を使う……など、さまざまな教えかたがありますが、一番わかりやすい方法で教えてあげたいと思うのが、親心でしょう。そこで本書では、「子どもが一番理解しやすい教えかた」を厳選し、高学年で習う内容だけでなく、１年生で習うたし算、引き算から掲載しています。

小学校在学中はもちろん、卒業した後もずっと、役に立ち続ける本になるでしょう。

本書の使いかた

1 各章で学ぶ分野です

2 この見開き2ページで学ぶ項目です

3 公立小学校の教科書をもとにした、各項目を習う学年※です

4 各項目を学ぶ上で一番のポイントです

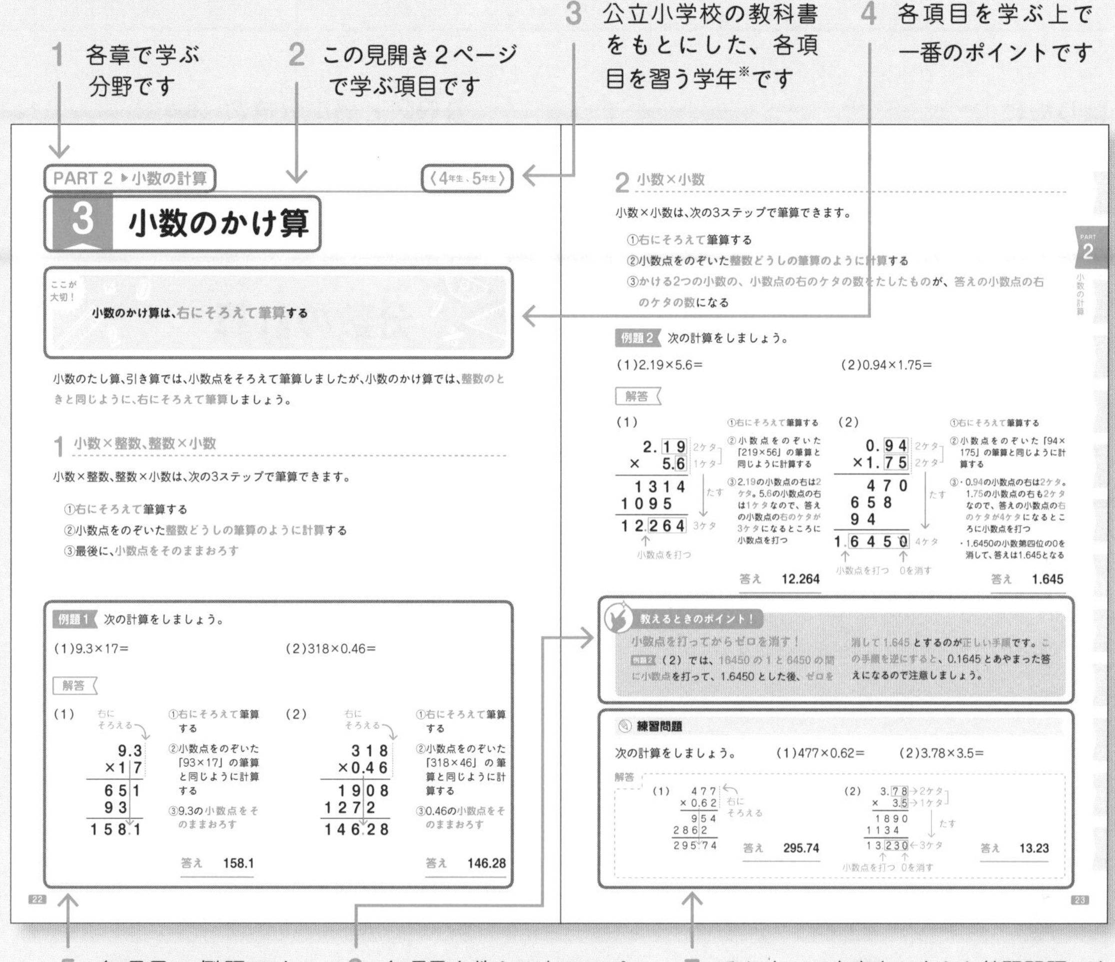

5 各項目の例題です。解きかたの流れをじっくり理解しましょう

6 各項目を教える上でのポイントです。学校では教えてくれない、さまざまなコツを載せています

7 それまでの内容をふまえた練習問題です。例題だけ、練習問題だけしか載っていない項目は、解きかたの流れを理解してから、答えをかくして解いてみましょう

※「2年生、4年生」なら2年生と4年生で習うことを表します。
「2年生～4年生」なら、2年生、3年生、4年生で習うことを表します。

特典 PDF のダウンロード方法

この本の特典として、教科書の発展レベルの項目「おうぎ形の弧(こ)の長さと面積」と「旅人算(たびびとざん)」の2つを、パソコンやスマートフォンからダウンロードすることができます。日常の学習に役立ててください。

1 インターネットで下記のページにアクセス

パソコンから

URL を入力
https://kanki-pub.co.jp/pages/tksansu/

スマートフォンから

QR コードを読み取る

2 入力フォームに、必要な情報を入力して送信すると、ダウンロードページの URL がメールで届く

3 ダウンロードページを開き、ダウンロード をクリックして、パソコンまたはスマートフォンに保存

4 ダウンロードしたデータをそのまま読むか、プリンターやコンビニのプリントサービスなどでプリントアウトする

もくじ

PART 6 立体図形

PART 7 単位量あたりの大きさ

PART 8 速さ

PART 9 割合

PART 10 比

PART 11 比例と反比例

PART 12 場合の数

PART 13 データの調べかた

1 整数のたし算

ここが大切！

くり上がりのあるたし算は、さくらんぼ計算で解こう！

1 くり上がりのあるたし算

0、1、2、3、4、5…のような数を、整数といいます。

小学1年生が一番つまずくのが、くり上がりのあるたし算（引き算ならくり下がり）です。数を計算しやすいまとまりに分けて計算する「さくらんぼ計算」で、くり上がりのあるたし算を考えてみましょう。

例題1 次の計算をしましょう。

(1)8+7=

(2)53+9=

解答

▶ **さくらんぼ計算のしかた**

(1) 8 + 7 = 15

8は、2をたすと10　② ⑤

①7の下にさくらんぼを書き、7を2と5に分けて中に書く

②8と2をたして、10

③10とさくらんぼの残りの5をたして、答えは15

答え **15**

▶ **さくらんぼ計算のしかた**

(2) 53 + 9 = 62

53は、7をたすと60　⑦ ②

①9の下にさくらんぼを書き、9を7と2に分けて中に書く

②53と7をたして、60

③60とさくらんぼの残りの2をたして、答えは62

答え **62**

たし算の答えを和といいます。**8と7の和が15**ということです。

教えるときのポイント！

さくらんぼ計算に慣れてきたら…

「こんな方法、習わなかった」というお父さん、お母さんもいると思いますが、多くの小学生が学校で「さくらんぼ計算」を教わっています。お子さんが「さくらんぼ計算」に慣れたら、「さくらんぼを書かずに、頭の中で考えて解いてみよう」と声をかけてあげてください。

さくらんぼ計算に慣れると、**くり上がり（くり下がり）のある計算も暗算ですばやく解ける**ようになっていきます。

2 たし算の筆算

例題2 次の計算をしましょう。

(1)
```
  68
+75
```

(2)
```
  983
+297
```

解答

(1)
```
 1
 68
+75
----
 143
```

▶**筆算のしかた**

①一の位の8と5をたして、13

②13の一の位の3だけを下に書く

③13の十の位の1は、6の上に書く

④くり上げた1と、十の位の6と7をたした14を下に書く

答え **143**

(2)
```
  11
  983
+297
-----
 1280
```

▶**筆算のしかた**

①一の位の3と7をたして、10

②10の一の位の0だけを下に書く

③10の十の位の1は、8の上に書く

④くり上げた1と、8と9をたして、18

⑤18の一の位の8だけを下に書く

⑥18の十の位の1は、9の上に書く

⑦くり上げた1と、9と2をたした12を下に書く

答え **1280**

練習問題

次の計算をしましょう。

(1) 88+3=

(2)
```
  757
+847
```

解答

(1) 88 ＋ 3 ＝ 91

答え **91**

(2)
```
 1 1
  7 5 7
+ 8 4 7
-------
1 6 0 4
```

答え **1604**

2 整数の引き算

ここが大切！

引き算のさくらんぼ計算のしかたは、2種類ある！

1 くり下がりのある引き算

例題 1 次の計算をしましょう。

(1)12−5=

(2)84−9=

解答

▶ さくらんぼ計算のしかた

(1) 12 − 5 = 7

12から2を引くと、10になる

②③

①5の下にさくらんぼを書き、5を2と3に分けて中に書く

②12から2を引いて、10

③10から3を引いて、答えは7

答え 7

▶ さくらんぼ計算のしかた

(2) 84 − 9 = 75

84から4を引くと、80になる

④⑤

①9の下にさくらんぼを書き、9を4と5に分けて中に書く

②84から4を引いて、80

③80から5を引いて、答えは75

答え 75

引き算の答えを差(さ)といいます。**12と5の差が7**ということです。

教えるときのポイント！

引き算のさくらんぼ計算は別の解きかたも！

引き算のさくらんぼ計算には、もうひとつの解きかたがあります。お子さんが学校で教わったほうを教えてください。

例題 1

(1)「12 − 5 =」の場合

12 − 5 = 7

▶さくらんぼ計算の別の解きかた

① 12 の下にさくらんぼを書き、12 を 10 と 2 に分けて中に書く

② 10 から 5 を引いて 5

③ 5 と 2 をたして、答えは 7

2 引き算の筆算

例題2 次の計算をしましょう。

(1)
```
  93
-37
```

(2)
```
  528
-149
```

解答

(1)

```
 ③
 8
 9 3  ①
-3 7
----
 5 6
 ④ ②
```

▶ **筆算のしかた**

①一の位の3から7は引けない

②93の十の位の9から1をかりて、13−7=6を下に書く

③93の十の位の9は1かしたので、8になる

④十の位の8から3を引いた、5を下に書く

答え **56**

(2)

```
  ⑥  ③
  4 1 ④
  5 2 8  ①
-1 4 9
------
  3 7 9
  ⑦ ⑤ ②
```

▶ **筆算のしかた**

①一の位の8から9は引けない

②528の十の位の2から1をかりて、18−9=9を下に書く

③528の十の位の2は1をかしたので、1になる

④十の位の1から4は引けない

⑤528の百の位の5から1をかりて、11−4=7を下に書く

⑥528の百の位の5は1をかしたので、4になる

⑦百の位の4から1を引いた、3を下に書く

答え **379**

練習問題

次の計算をしましょう。

(1) 53−6=

(2)
```
  356
-189
```

解答

(1) 53 − 6 = 47

③ ③

53から3を引くと50

答え **47**

(2)
```
  2 4
  3 5 6
- 1 8 9
-------
  1 6 7
```

答え **167**

3 整数のかけ算

ここが大切！

かけ算の筆算の基本は「くり上げて、たす」

例題 次の計算をしましょう。

(1)
$$\begin{array}{r} 28 \\ \times\ \ 7 \\ \hline \end{array}$$

(2)
$$\begin{array}{r} 64 \\ \times 38 \\ \hline \end{array}$$

解答

(1)

$$\begin{array}{r} 28 \\ \times\ \ 7 \\ \hline 6 \end{array}$$
（かける）

①まず、「7×8＝56」の一の位の6を下に書く。56の十の位の5は、くり上げる。慣れないうちは、この5を、6の左上に小さく書く。

$$\begin{array}{r} 28 \\ \times\ \ 7 \\ \hline 196 \end{array}$$
（かける）

②次に、「7×2＝14」の14に、くり上げた5をたして、19にする。この19を下に書き、答えが196と求められる。

答え 196

(2)

$$\begin{array}{r} 64 \\ \times 38 \\ \hline 512 \end{array}$$
（64×8の筆算）

①まず、「64×8」の筆算をして、512を下に書く。

$$\begin{array}{r} 64 \\ \times 38 \\ \hline 512 \\ 192\ \ \end{array}$$
（64×3の筆算）（左に1ケタずらす）

②次に、「64×3」の筆算をして、192を左に1ケタずらして書く。

$$\begin{array}{r} 64 \\ \times 38 \\ \hline 512 \\ 192\ \ \\ \hline 2432 \end{array}$$
（たす）

③上下をたす。

答え 2432

このように、くり上げた数をたしていくのが、かけ算の筆算の基本です。

ちなみに、**かけ算の答え**を積(せき)といいます。**28と7の積が196**ということです。

練習問題

次の計算をしましょう。

(1)
```
  381
×   5
```

(2)
```
  795
×  26
```

解答

(1)
```
   3 8 1
 ×     5
 1 9 0 5
```
答え **1905**

(2)
```
     7 9 5
   ×   2 6
   4 7 7 0
 1 5 9 0
 2 0 6 7 0
```
答え **20670**

教えるときのポイント！

「ゼロの連続」に注意！

例えば「790 × 300 ＝」の筆算をするとき、右のように、ゼロを連続して書いて筆算する子がいます。

```
     790
   × 300
     000
    000
   2370
  237000
```
ゼロがいっぱい → ミスのもと！

このように計算するのは間違いではありませんが、時間がかかるうえ、ややこしくなって計算ミスのもとになります。この場合は、次の**ゼロ以外の部分を先に計算する方法**を教えてあげてください。

ゼロ以外の部分を先に計算する

合言葉は、「ゼロ以外を右によせる」！

ゼロの連続がある式の場合は、次のように解いてみましょう。

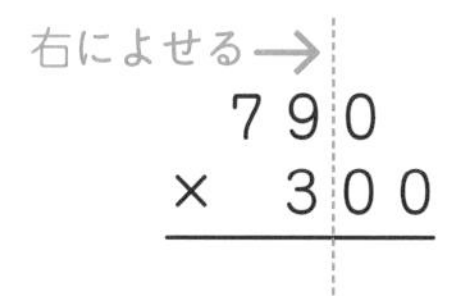

①ゼロ以外の部分を右によせる（たて線を引くとわかりやすい）

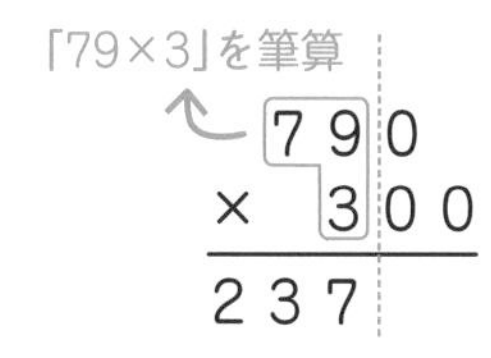

②「79×3」を先に筆算して、237を下に書く

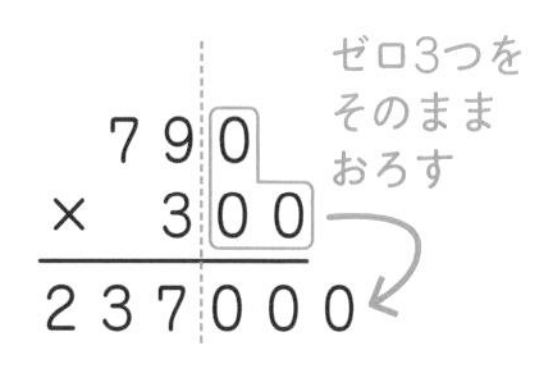

③ゼロ3つを下にそのままおろす

こうすれば、「790×300＝237000」と求められます。ゼロをたくさん書かなくてすむため、**よりすばやく、正確に計算することができます。**

4 整数の割り算

ここが大切！

割り算の「あまり」は、「割る数」より小さくなるのが鉄則！

まず、割り算に出てくる、次の4つの名前を覚えましょう。

7	÷	2	=	3	あまり	1
↑		↑		↑		↑
割られる数		割る数		商(しょう)		あまり

例題 1 次の計算をしましょう。

45÷9＝

解答

答えを□とすると、「45÷9＝□」となります。「45÷9＝□」は、「**45の中に9が□こある**」という意味なので、「**9×□＝45**」という式に変形することができます。
9に何をかけたら45になるか、九九の9の段を思い浮かべながら考えると、□は5だとわかります。

答え 5

練習問題

次の計算をしましょう。

35÷5＝

解答

答えを□とすると、「35÷5＝□」となります。「35÷5＝□」は、「**35の中に5が□こある**」という意味なので、「**5×□＝35**」という式に変形することができます。
5に何をかけたら35になるか、九九の5の段を思い浮かべながら考えると、□は7だとわかります。

答え 7

小杉拓也先生の参考書ラインナップ

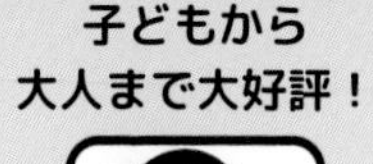

小学生向け

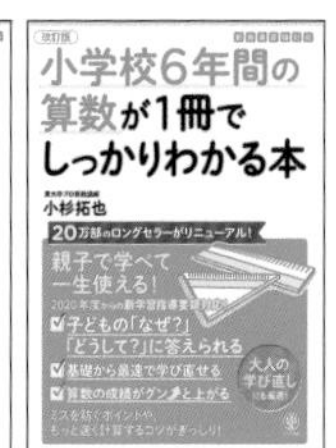

復習、予習のどちらもできて、よかったです。詳しく書かれているので、とてもわかりやすかったです。（12歳女性）

子どもの勉強を教えるにあたり、評判がよかったため購入。（40代女性）

中学生向け

今度中学2年生になるのに、中学1年生までの数学がよくわからなくなってしまっていたため購入。
「小学校6年間の算数～」とあわせて復習したら、内容がグングン頭に入ってきてわからないところが一つもなくなって自信が持てた!!
新学期になるのが楽しみ!!（13歳女性）

息子が中学生になるにあたり、少しでもアドバイスできるようにと購入しました。とてもわかりやすく、夢中になって読んでしまいました。なんだか数学が得意になった気分です。（40代女性）

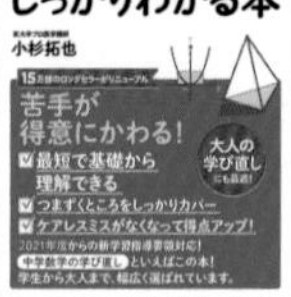

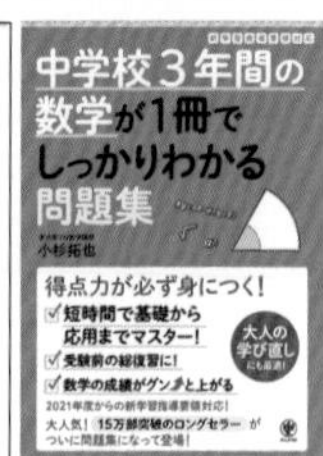

高校生向け

ネットでの評判がとても高かった。
やってみると非常にわかりやすく満足。（17歳女性）

基本をしっかり勉強したかったので購入。
すごくわかりやすかったので、購入してよかったです。（15歳男性）

もう一度学習したくなった。数学的考え方を養うため購入。とても分かりやすい。（60代男性）

『中学校3年間の数学～』を購入しマスターしたので、次を学びたくなった。（40代男性）

〒102-0083 東京都千代田区麹町4-1-4 西脇ビル　株式会社かんき出版

例題2 次の計算をしましょう。あまりが出る場合は、あまりも出してください。

(1) $4\overline{)92}$　　(2) $23\overline{)83}$

解答

(1)

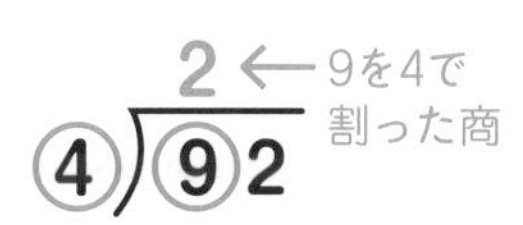

かける
2
4)92
8

2
4)92
8
12
9から8を引く
2をおろす

①92の十の位の9を4で割ったときの商は2。この商2を、十の位にたてる

②2と「割る数の4」をかけた8を、9の下に書く

③9から8を引いた1を下に書き、92の一の位の2をおろしてくる

23
4)92
8
12
12を4で割った商

④12を4で割ったときの商は3。この3を一の位にたてる

かける
23
4)92
8
12
12
0
答えは23
12から12を引く

⑤3と「割る数の4」をかけた12を、12の下に書く。12から12を引くと、0なので、あまりはない

答え　23

(2)

3
23)83
83を23で割った商

かける
3
23)83
69

3 ← 商
23)83
69
14 ← 83から69を引いた14があまり

①83を23で割ったときの商が何になるか見当をつけ、商に3をたてる

②3と「割る数の23」をかけた69を書く

③83から69を引いた14を下に書く。この14があまりになる

答え　3あまり14

教えるときのポイント！

見当が間違っていたときの対処法

例題2 (2)のような割り算の筆算では、うまく商の見当をつけられるかどうかがカギになります。慣れないうちは、うまく見当をつけることができず、苦戦することが多いものです。間違えたときは、右のように対処しましょう。

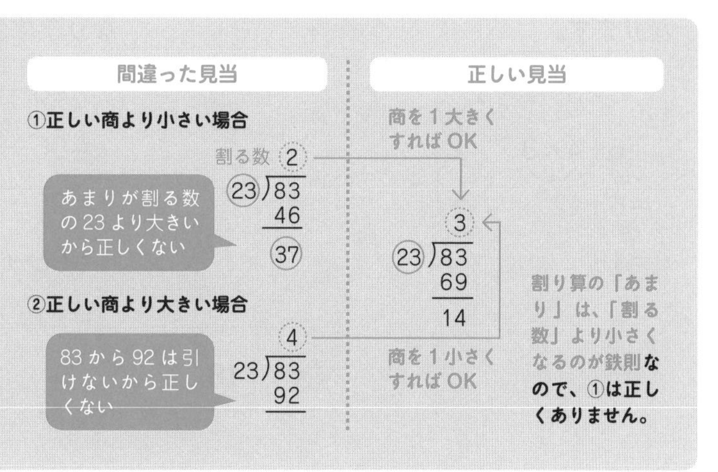

5 計算の順序

ここが大切！

次の順で計算しよう！

かっこの中 ⇒ ×÷ ⇒ ＋－

計算の順序で大事なのは、次の3点です。

①ふつうは、左から計算する
②×と÷は、＋と－より先に計算する
③かっこのある式では、かっこの中を一番先に計算する

例題 次の計算をしましょう。

(1) 6＋8÷2×3＝

(2) 96－(20－10÷2)×5＝

解答

(1) 計算の順に①から番号をつけます。

6＋8÷2×3＝
（＋が③、÷が①、×が②）

①～③の順に計算すると、次のようになります。

6＋8÷2×3　（8÷2を計算）
＝6＋4×3　（4×3を計算）
＝6＋12
＝18

答え　18

(2) 計算の順に①から番号をつけます。

96－(20－10÷2)×5＝
（96の後の－が④、20の後の－が②、÷が①、×が③）

①～④の順に計算すると、次のようになります。

96－(20－10÷2)×5　（10÷2を計算）
＝96－(20－5)×5　（20－5を計算）
＝96－15×5　（15×5を計算）
＝96－75
＝21

答え　21

教えるときのポイント！

計算の順序に慣れていない子のために

計算の順序に慣れていない子には、例題の解答のように、**＋－×÷の下に計算順の番号をつけてから、計算してもらう**とよいでしょう。

まず、①から番号をつけ、順序が正しいことをお父さん、お母さんが確認してからお子さんに計算してもらうのも、ひとつの方法です。

練習問題

次の計算をしましょう。

(1) $3\times17-72\div18=$　　(2) $23+(15-9)\div(1+5\times1)=$

解答

(1)計算の順に①から番号をつける。

$3\times17-72\div18=$

（×に①、－に③、÷に②）

①～③の順に計算すると、次のようになります。

$3\times17-72\div18$　（3×17を計算）

$=51-72\div18$　（72÷18を計算）

$=51-4$

$=47$

答え　**47**

(2)計算の順に①から番号をつける。

$23+(15-9)\div(1+5\times1)=$

（＋に⑤、－に①、÷に④、＋に③、×に②）

①～⑤の順に計算すると、次のようになります。

$23+(15-9)\div(1+5\times1)$　（15－9を計算）

$=23+6\div(1+5\times1)$　（5×1を計算）

$=23+6\div(1+5)$　（1＋5を計算）

$=23+6\div6$　（6÷6を計算）

$=23+1$

$=24$

答え　**24**

大人も楽しい算数コラム　ドライブ中に数字ゲーム！

ドライブ中に車のナンバーを見ながら、お子さんにこんな問題を出してみてください。

「前の車のナンバーは9312だね。**4つの数の間に、＋－×÷を入れて、答えを10にしてみて。かっこ（　）を使ってもOK！**」

これは、楽しいクイズになるだけでなく、算数のトレーニングにもなります。実際に、同じような問題が有名私立中学校の入試問題で出題されています。

※ちなみに9、3、1、2なら、$9+(3-1)\div2=10$、$9+3-1\times2=10$といった答えが考えられます。

1 小数とは

ここが大切！
小数点以下の位(くらい)の2種類の呼びかたを覚えよう！

1 小数とは

0.3、0.51、10.257などの数を、小数といいます。「.（点）」を小数点といいます。

1を10等分した1つ分が0.1です。

また、1を100等分した1つ分が0.01、1を1000等分した1つ分が0.001です。

2 小数の位(くらい)の呼びかた

小数点以下の位は、それぞれ次のように呼びます。

1 . 2 3 4

- 1 ↑ 一の位
- . ↑ 小数点
- 2 ↑ 小数第一位
- 3 ↑ 小数第二位
- 4 ↑ 小数第三位

また、次のように、分数を使った呼びかたもあります。

1 . 2 3 4

- 1 ↑ 一の位
- . ↑ 小数点
- 2 ↑ $\frac{1}{10}$の位
- 3 ↑ $\frac{1}{100}$の位
- 4 ↑ $\frac{1}{1000}$の位

教えるときのポイント！

分数を使った呼びかたもしっかり覚えよう

小数第一位、小数第二位…という呼びかたは、なじみがあるようです。しかし、分数を使った呼びかたを覚えていないお子さんもいます。

$\frac{1}{10}$の位、$\frac{1}{100}$の位などの分数を使った呼びかたは学校で習いますし、テストにも出題されます。

2種類の呼びかたを覚えておきましょう。

3 小数のしくみ

1、0.1、0.01、0.001の関係は、次の通りです。

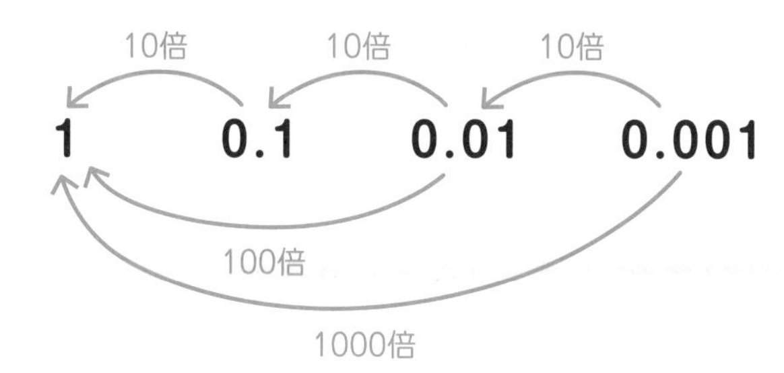

例題 次のア～エにあてはまる数を、それぞれ答えましょう。

(1)5.84は、1を[ア]こ、0.1を[イ]こ、0.01を[ウ]こ合わせた数です。
(2)1.08は、0.01を[エ]こ集めた数です。

解答

(1) 5.84は、1を5こ、0.1を8こ、0.01を4こ合わせた数です。

答え [ア]5 [イ]8 [ウ]4

(2) 1.08は、0.01を108こ集めた数です。

答え [エ]108

練習問題

次のア～オにあてはまる数を、それぞれ答えましょう。

(1)8.621は、1を[ア]こ、0.1を[イ]こ、0.01を[ウ]こ、0.001を[エ]こ合わせた数です。
(2)5は、0.001を[オ]こ集めた数です。

解答

(1)8.621は、1を8こ、0.1を6こ、0.01を2こ、0.001を1こ合わせた数です。

答え [ア]8 [イ]6 [ウ]2 [エ]1

(2)5は、0.001を5000こ集めた数です。

答え [オ]5000

2 小数のたし算と引き算

ここが大切！

小数のたし算、引き算は、小数点をそろえて筆算する。
ほかは、整数の筆算とほぼ同じ！

1 小数のたし算

例題1 次の計算をしましょう。

(1)5.3+2.6=　　(2)0.79+12.3=

解答

(1) 小数点をそろえる

```
  5.3
+2.6
  7.9
```

①小数点をそろえて筆算する
②「53+26」の筆算をするのと同じように計算する
③小数点をおろして、7と9の間に小数点を打つ

答え　7.9

(2) 小数点をそろえる

```
  0.79
+12.30  ← 0をつける
 13.09
```

①小数点をそろえて筆算する
②12.3は12.30として計算する
③「79+1230」の筆算をするのと同じように計算する
④小数点をおろして、3と0の間に小数点を打つ

答え　13.09

練習問題 1

次の計算をしましょう。

(1)5.84+4.56=　　(2)9.8+25.395=

解答

(1) 小数点をそろえる

```
  5.84
+4.56
 10.40  ← 0を消す
```

答え　10.4

(2) 小数点をそろえる

```
   9.8
+25.395
 35.195
```

答え　35.195

教えるときのポイント！

ゼロの消し忘れに注意！

練習問題1（1）の筆算の結果は10.40となりました。このとき、答えにそのまま10.40と書かないように注意しましょう。**小数第二位の0を消した10.4が正しい答え**です。次に習う小数の引き算でも同じようにしましょう。

2 小数の引き算

例題2 次の計算をしましょう。

（1）7.1－5.3＝

（2）9.6－3.89＝

解答

（1）

小数点をそろえる

```
  7.1
－5.3
─────
  1.8
```

①**小数点をそろえて**筆算する

②「71－53」の筆算をするのと同じように計算する

③小数点をおろして、1と8の間に小数点を打つ

答え　1.8

（2）

小数点をそろえる

```
   9.60  ← 0をつける
－ 3.89
───────
   5.71
```

①**小数点をそろえて**筆算する

②9.6は9.60として計算する

③「960－389」の筆算をするのと同じように計算する

④小数点をおろして、5と7の間に小数点を打つ

答え　5.71

練習問題 2

次の計算をしましょう。

（1）4.06－2.16＝　（2）13.4－3.88＝

解答

（1）小数点をそろえる

```
  4.06
－2.16
──────
  1.90  ← 0を消す
```

答え　1.9

（2）小数点をそろえる

```
  13.40  ← 0をつける
－  3.88
────────
   9.52
```

答え　9.52

3 小数のかけ算

ここが大切！

小数のかけ算は、右にそろえて筆算する

小数のたし算、引き算では、小数点をそろえて筆算しましたが、小数のかけ算では、**整数のときと同じように、右にそろえて筆算**しましょう。

1 小数×整数、整数×小数

小数×整数、整数×小数は、次の3ステップで筆算できます。

①**右にそろえて**筆算する
②小数点をのぞいた**整数どうしの筆算のように計算**する
③最後に、**小数点をそのままおろす**

例題 1 次の計算をしましょう。

(1)9.3×17＝　　(2)318×0.46＝

解答

(1)

右にそろえる

```
    9.3
  × 1 7
  -----
  6 5 1
  9 3
  -----
1 5 8.1
```

①右にそろえて筆算する
②小数点をのぞいた「93×17」の筆算と同じように計算する
③9.3の**小数点をそのままおろす**

答え　158.1

(2)

右にそろえる

```
    3 1 8
  × 0.4 6
  -------
  1 9 0 8
1 2 7 2
---------
1 4 6.2 8
```

①右にそろえて筆算する
②小数点をのぞいた「318×46」の筆算と同じように計算する
③0.46の**小数点をそのままおろす**

答え　146.28

2 小数×小数

小数×小数は、次の3ステップで筆算できます。

①右にそろえて筆算する
②小数点をのぞいた整数どうしの筆算のように計算する
③かける2つの小数の、小数点の右のケタの数をたしたものが、答えの小数点の右のケタの数になる

例題2 次の計算をしましょう。

(1)2.19×5.6＝　　(2)0.94×1.75＝

解答

(1)

1314
1095
12.264　3ケタ
たす
小数点を打つ

①右にそろえて筆算する
②小数点をのぞいた「219×56」の筆算と同じように計算する
③2.19の小数点の右は2ケタ。5.6の小数点の右は1ケタなので、答えの小数点の右のケタが3ケタになるところに小数点を打つ

答え　12.264

(2)

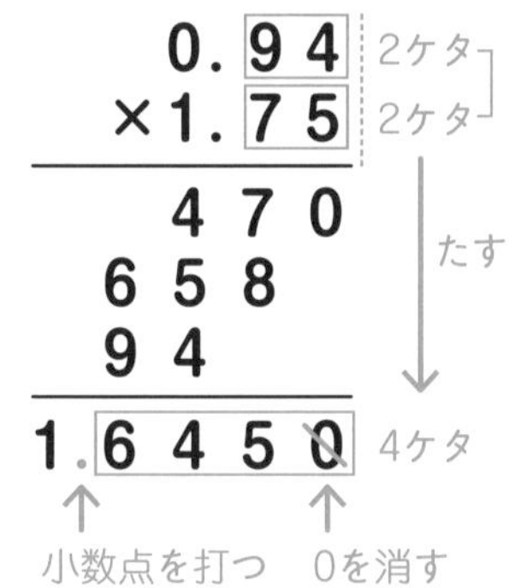

①右にそろえて筆算する
②小数点をのぞいた「94×175」の筆算と同じように計算する
③・0.94の小数点の右は2ケタ。1.75の小数点の右も2ケタなので、答えの小数点の右のケタが4ケタになるところに小数点を打つ
・1.6450の小数第四位の0を消して、答えは1.645となる

答え　1.645

教えるときのポイント！

小数点を打ってからゼロを消す！

例題2 (2) では、16450の1と6450の間に小数点を打って、1.6450とした後、ゼロを消して1.645とするのが正しい手順です。この手順を逆にすると、0.1645とあやまった答えになるので注意しましょう。

練習問題

次の計算をしましょう。　(1)477×0.62＝　(2)3.78×3.5＝

解答

(1)
477
× 0.62
954
2862
295.74
右にそろえる

答え　295.74

(2)

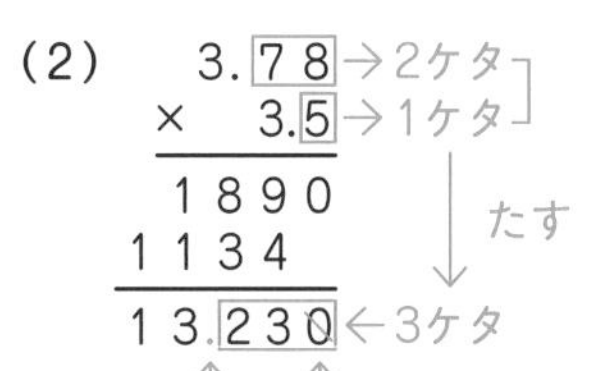

答え　13.23

4 小数の割り算

ここが大切！

整数で割るとき　⇒　小数点を動かさずに筆算する
小数で割るとき　⇒　小数点を動かして筆算する

1 小数÷整数(整数で割るとき)

小数を整数で割るとき、**小数点を動かさずにそのまま筆算**します。

例題 1 次の式を割り切れるまで計算しましょう。

(1)19.88÷7=　　　(2)32.7÷15=

解答

(1)

```
     2.84
  ┌──────
7 ) 19.88
    14
    ───
     58
     56
     ───
      28
      28
      ──
       0
```

①小数点をとった「1988÷7」をそのまま筆算するように計算する

②19.88の小数点をそのまま上にあげて、答えは2.84となる

答え　2.84

(2)

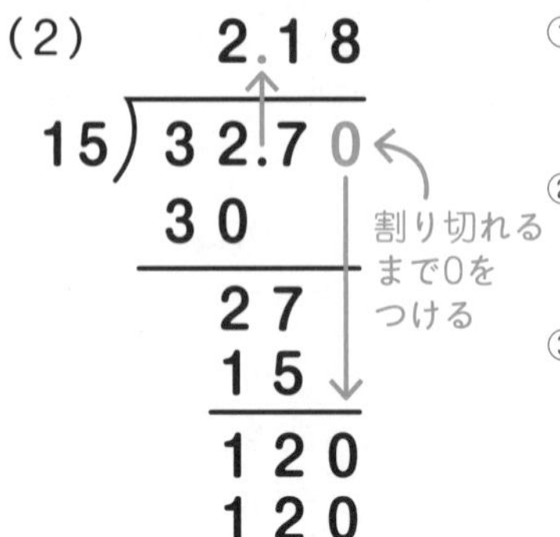

①小数点をとった「327÷15」をそのまま筆算するように計算する

②32.7の小数第二位に0をつけて32.70とし、その0を下におろして筆算を続ける

③32.7の小数点をそのまま上にあげて、答えは2.18となる

答え　2.18

練習問題 1

次の計算をしましょう。　(1)5.34÷6=　　(2)180.5÷38=

解答

(1)

```
     0.89
  ┌─────
6 ) 5.34
    4 8
    ───
     54
     54
     ──
      0
```

答え　0.89

(2)

```
      4.75
   ┌───────
38 ) 180.50 ←0をつける
     152
     ───
      285
      266
      ───
       190
       190
       ───
         0
```

答え　4.75

2 小数÷小数、整数÷小数（小数で割るとき）

小数で割るときは、割る数の小数点を動かして整数にしてから筆算します。割られる数の小数点も、同じだけ動かします。

例題2 次の式を割り切れるまで計算しましょう。

（1）10÷0.8＝　　　（2）3.768÷3.14＝

解答

（1）

```
        12.5
0.8.)1 0.0.0
     8
     2 0
     1 6
       4 0
       4 0
         0
```

①割る数の0.8の小数点を1つ右にずらして、整数の8にする

②割られる数の10. も同じように、小数点を1つ右にずらして、100. にする

③100÷8を割り切れるまで計算する

④100.0の小数点をそのまま上にあげて、答えは12.5となる

答え　12.5

（2）

```
          1.2
3.14.)3.76.8
      314
       628
       628
         0
```

①割る数の3.14の小数点を2つ右にずらして、整数の314にする

②割られる数の3.768も同じように、小数点を2つ右にずらして、376.8にする

③376.8÷314を割り切れるまで計算する

④376.8の小数点をそのまま上にあげて、答えは1.2となる

答え　1.2

練習問題 2

次の計算をしましょう。　（1）24÷3.2＝　　（2）45.297÷7.19＝

解答

（1）

```
        7.5
3.2.)24.0.0
     224
      160
      160
        0
```

答え　7.5

（2）

```
            6.3
7.19.)45.29.7
      43 14
       2 157
       2 157
           0
```

答え　6.3

教えるときのポイント！

小数の割り算を得意にするには？

小数の割り算のポイントは、「小数点の動かしかた」と「答えの小数点のつけかた」につきます。ここさえおさえれば、整数の割り算とほぼ同じです。何度も練習して小数点の扱いかたに慣れれば、得意にしていけます。

5 あまりが出る小数の割り算

ここが大切！

あまりが出る「小数÷小数」では、商とあまりの小数点のつけかたが違うから気をつけよう！

1 あまりが出る「小数÷整数」

小数を整数で割るとき、**割られる数の小数点をそのまま下におろして、あまりに小数点をつけます。**

例題1 次の式について、後の問いに答えましょう。

50.1÷6=　(1)商を一の位まで求めて、あまりも出しましょう。
(2)商を小数第一位まで求めて、あまりも出しましょう。

解答

(1)

```
      8     ← 商
6 ) 5 0 .1
    4 8
    ----
      2 .1  ← あまり
```

①商を一の位まで求めるので、8でストップ

②50.1の**小数点をそのまま下におろして、**あまりは2.1となる

答え　**8あまり2.1**

(2)

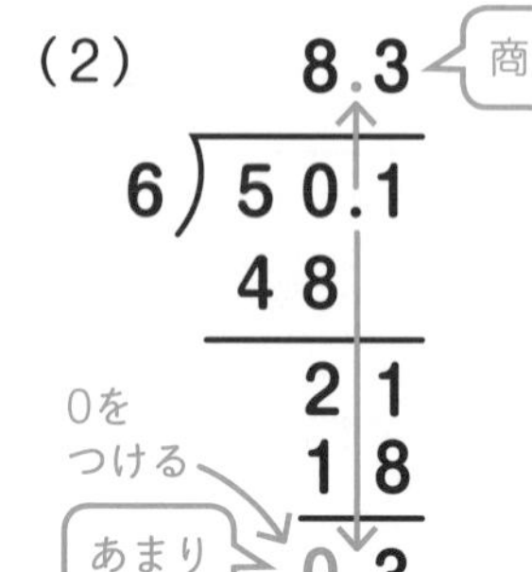

①商を小数第一位まで求めるので、8.3でストップ

②50.1の**小数点をそのまま下におろして、**あまりは0.3となる

答え　**8.3あまり0.3**

練習問題 1

次の式について、後の問いに答えましょう。

81.5÷25=　(1)商を一の位まで求めて、あまりも出しましょう。
(2)商を小数第一位まで求めて、あまりも出しましょう。

解答

(1)

```
       3
25 ) 81.5
     75
     ---
      6.5
```

答え　**3あまり6.5**

(2)

```
      3.2
25 ) 81.5
     75
     ---
      6 5
      5 0
      ---
      1.5
```

答え　**3.2あまり1.5**

2 あまりが出る「小数÷小数」

▶「小数÷小数」での小数点のつけかた

商には、「小数点を動かした後」の割られる数の小数点をそのまま上にあげて、小数点をつけます。

あまりには、「小数点を動かす前」の割られる数の小数点をそのまま下におろして、小数点をつけます。

例題 2 次の式について、商を一の位まで求めて、あまりも出しましょう。

14.95÷5.2＝

解答

```
        2
5.2.)14.9.5
     104
     4.55
```

動かす前の小数点をおろす

①割る数の5.2の小数点を1つ右にずらして、整数の52にする

②割られる数の14.95も同じように、小数点を1つ右にずらして、149.5にする

③商を一の位まで求めるので、商は2でストップ

④小数点を動かした後の149.5ではなく、「小数点を動かす前」の14.95の小数点をそのままおろして、あまりは4.55となる

答え　2あまり4.55

練習問題 2

例題2の式「14.95÷5.2＝」について、商を小数第一位まで求めて、あまりも出しましょう。

解答

```
         2.8
5.2.)14.9.5
     104
      455
      416
     0.39
```

商→動かした㊆の小数点

0をつける→0.39

あまり→動かす㊒の小数点

※小数点を動かした後の149.5の小数点をそのまま上にあげて、商は2.8となる。一方、小数点を動かす前の14.95の小数点をそのまま下におろして、あまりは0.39となる。

答え　2.8あまり0.39

教えるときのポイント！

商とあまりで小数点のつけかたが違う！

練習問題2の解答の※でも書きましたが、あまりの出る「小数÷小数」の筆算では、商とあまりで小数点のつけかたが違います。つまずきやすいので、じっくりと理解しましょう。

商
→ 動かした後の小数点をそのまま上にあげる

あまり
→ 動かす前の小数点をそのまま下におろす

1 約数とは

ここが大切！

書きもれを防ぐには、約数をオリに入れよう！

ある整数を割り切ることのできる整数を、その整数の**約数**といいます。

例題 12の約数をすべて書き出しましょう。

解きかた1 教科書的な解きかた

12の約数を調べてみましょう。
12を割り切ることができる数を探すと、次のようになります。

12 ÷ [1] = 12　　12 ÷ [2] = 6　　12 ÷ [3] = 4
12 ÷ [4] = 3　　12 ÷ [6] = 2　　12 ÷ [12] = 1

12は、1、2、3、4、6、12で割り切ることができます。
これにより、**12の約数は1、2、3、4、6、12**であることがわかります。

答え　**1、2、3、4、6、12**

教えるときのポイント！

約数の書きもれを防ごう！

解きかた1は、いわば「教科書的な解きかた」です。この解きかたでは、すべての約数を見つけることができず、下のように約数の書きもれをしてしまうことがあります。

答え　**1、2、3、4、12**

とても惜しいのですが、6を忘れているのです。この答えでは、テストで△か×になってしまいます。このような「**約数の書きもれ**」をできるだけ防ぎたい場合は、次の解きかた2を教えてあげてください。

解きかた2 オリを使う解きかた

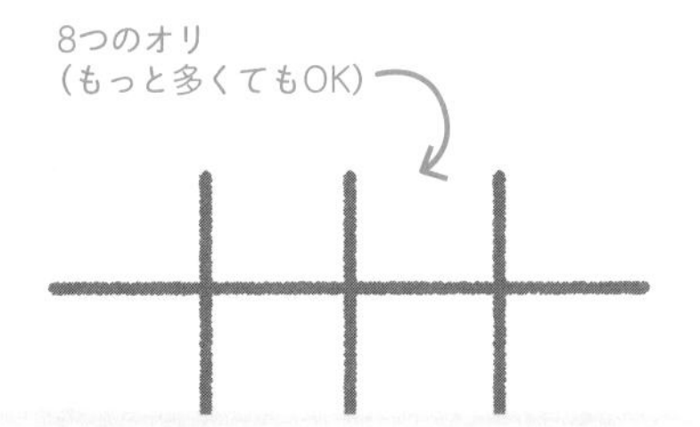

まず、上のようにオリを書きましょう。動物園にあるようなオリのイメージです。オリは多めに書いてください。10こでも12こでもいいですが、ここでは8つのオリを書きます。

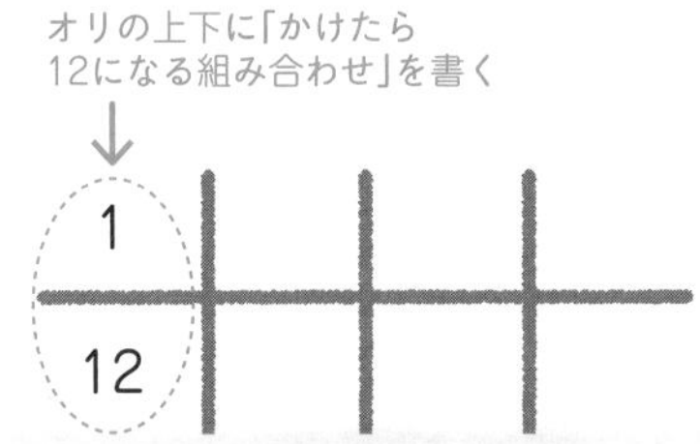

次に、「かけたら12になる組み合わせ」を、オリの上下に書き出していきましょう。例えば、「1と12」は、かけたら1×12＝12になるので、1と12をオリの上下に書きます。

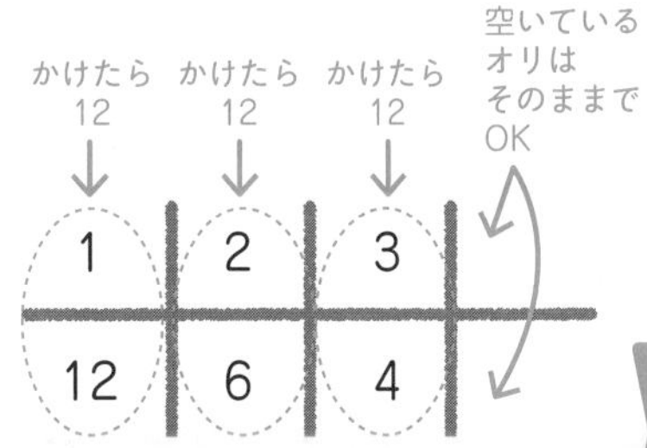

同じように、「かけたら12になる組み合わせ」をオリの上下にすべて書き出すと、上のようになります。

オリの中に入った数が、12の約数です。ですから、答えは右のようになります。

答え　1、2、3、4、6、12

解きかた2では、オリの上下に2こずつセットで数を書いていくため、**「約数の書きもれ」をできるだけ少なくすることができます。**

練習問題

右のオリを使って、36の約数をすべて書き出しましょう。

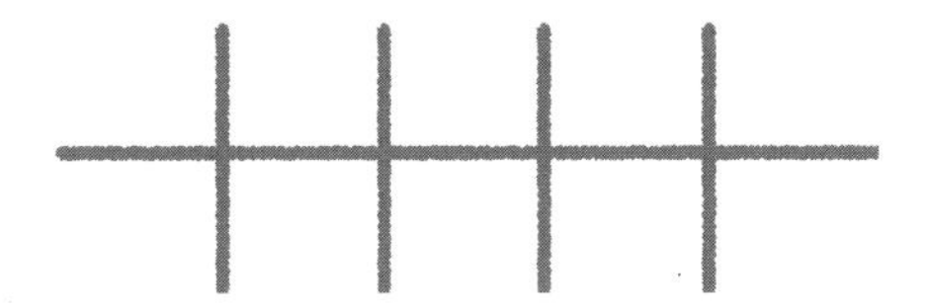

解答

「かけたら36になる組み合わせ」を、オリの上下にすべて書き出すと、右のようになります。

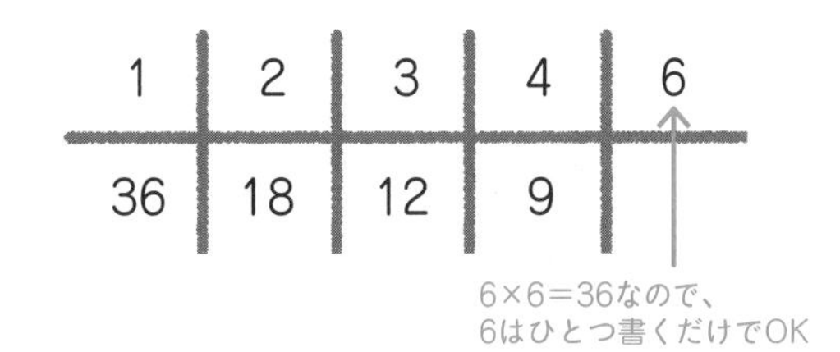

オリの中に入った数が、36の約数なので、答えは右のようになります。

答え　1、2、3、4、6、9、12、18、36

2 公約数(こうやくすう)と最大公約数(さいだいこうやくすう)

ここが大切！

公約数と最大公約数はベン図で理解しよう！

2つ以上の整数に共通する約数を、それらの整数の**公約数**(こうやくすう)といいます。**公約数のうち、もっとも大きい数**を**最大公約数**(さいだいこうやくすう)といいます。

例題　18と24の公約数をすべて答えましょう。
また、18と24の最大公約数を求めてください。

解答

18の約数は1、2、3、6、9、18です。
24の約数は1、2、3、4、6、8、12、24です。

18と24の共通の約数、つまり、**18と24の公約数は1、2、3、6**であることがわかります。

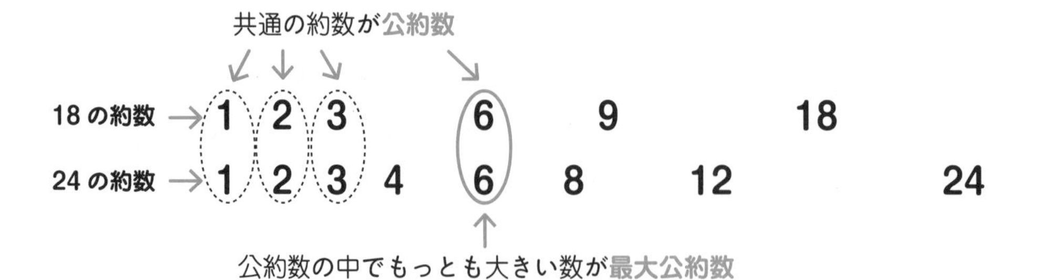

上のように、**公約数のうち、もっとも大きい数**を**最大公約数**といいます。**18と24の最大公約数は6**です。

答え　**公約数…1、2、3、6　最大公約数…6**

18と24の公約数と最大公約数について、ベン図（数の集まりを図で表したもの）で表すと右のようになります。

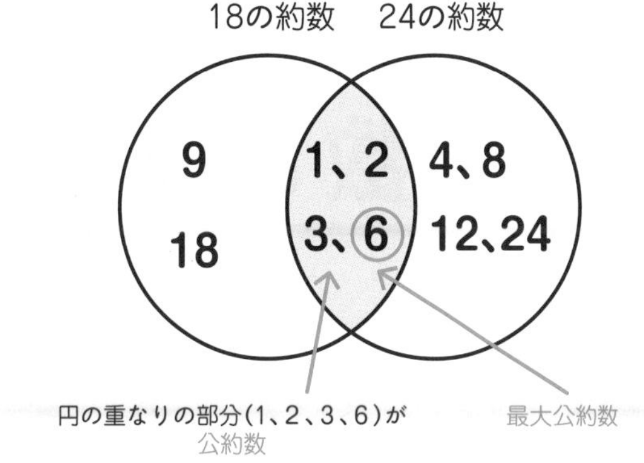

教えるときのポイント！

お子さんとベン図を書いてみましょう

公約数と最大公約数の意味は、言葉だけでなく、ベン図を書いて視覚化することで、理解が深まります。

用語はひとつでも、さまざまな角度から知ることによって深く理解でき、それが応用力につながるのです。次の 練習問題 もベン図を書きながら考えるとよいでしょう。

練習問題

27と45の公約数をすべて答えましょう。また、27と45の最大公約数を求めてください。

解答

27の約数は1、3、9、27です。

45の約数は1、3、5、9、15、45です。

27と45の共通の約数、つまり、27と45の公約数は1、3、9であることがわかります。

公約数の1、3、9のうち、最も大きい9が最大公約数です。

これをベン図に表すと、右のようになります。

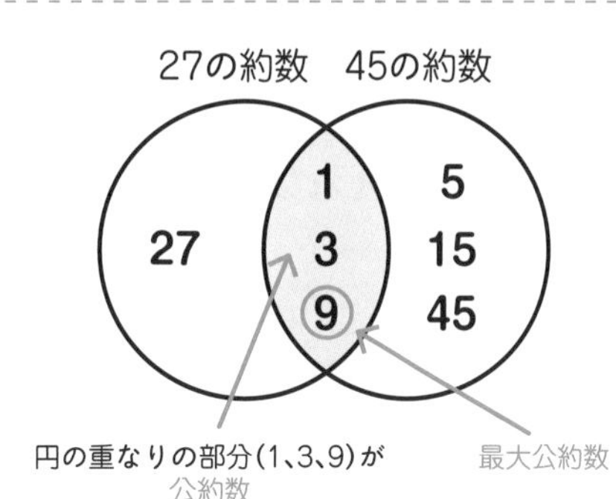

答え　**公約数…1、3、9　最大公約数…9**

大人も楽しい算数コラム

公約数は「最大公約数の約数」

練習問題 の答えは、**27** と **45** の公約数が 1、3、9、最大公約数が 9 でした。

ここで最大公約数 9 の約数に注目してみると、こちらも 1、3、9 と求められます。実は公約数は「最大公約数の約数」と同じになるという性質があります。

27 と 45 の公約数→ 1、3、9
最大公約数 9 の約数→ 1、3、9
} 同じになる

30 ページの 例題 にも同じことが成り立ちますので、確かめてみてください。ちなみに、公倍数も「最小公倍数の倍数」と同じになるという性質があります。

3 倍数とは

ここが大切！

「〜の倍数」は「〜で割り切れる数」と言いかえられる

ある整数の整数倍（1倍、2倍、3倍……）になっている整数をその整数の倍数といいます。

例題1 8の倍数を小さい順に5つ答えましょう。

解答

8を整数倍（1倍、2倍、3倍……）すると、次のようになります。

8	16	24	32	40	48	……
↑	↑	↑	↑	↑	↑	
8×1	8×2	8×3	8×4	8×5	8×6	

小さい順に5つ答えればよいので、8、16、24、32、40が答えになります。

答え　**8、16、24、32、40**

例題2 次の数の中で、7の倍数はどれですか。すべて答えましょう。

50、91、111、38、126、131

解答

それぞれの数を7で割って、割り切れたものが7の倍数です。

それぞれを7で割ると、次のようになります。

50÷7=7あまり1　91÷7=13　111÷7=15あまり6

38÷7=5あまり3　126÷7=18　131÷7=18あまり5

以上により、7で割り切れる、91と126が7の倍数です。

答え　**91、126**

教えるときのポイント！

倍数の問題なのに「割る」理由

「倍数」には、「倍」という字が含まれているため、「かけ算」と関係のあるイメージが強いかもしれません。実際、例題1では、かけ算を使って答えを求めました。

しかし、例題2では、割り算を使って答えを出しました。

「7の倍数」＝「7で割り切れる数」なので、割り算を使って求めたのです。「〜の倍数」＝「〜で割り切れる数」と、言いかえることができるようになると、応用力が身につきます。

練習問題

次の問いに答えましょう。

（1）15の倍数を小さい順に5つ答えましょう。

（2）次の数の中で、6の倍数はどれですか。すべて答えましょう。

85、50、72、282、126

解答

（1）15を整数倍（1倍、2倍、3倍…）すると、次のようになります。

15	**30**	**45**	**60**	**75**	……
↑	↑	↑	↑	↑	
15×1	15×2	15×3	15×4	15×5	

小さい順に5つ答えればよいので、答えは15、30、45、60、75です。

答え　**15、30、45、60、75**

（2）6の倍数とは、6で割り切れる数です。
つまり、それぞれの数を6で割って、割り切れたものが6の倍数となります。
それぞれを6で割ると

85÷6＝14あまり1　　72÷6＝12
50÷6＝8あまり2　　282÷6＝47
　　　　　　　　　　126÷6＝21

以上により、6で割り切れる、72、282、126が6の倍数です。

答え　**72、282、126**

大人も楽しい算数コラム

倍数をかんたんに見分ける倍数判定法

「252は、3の倍数ですか」と聞かれたら、252を3で割って、252÷3＝84と割り切れるので、3の倍数だという答えを求めることができます。
実は「すべての位をたして3の倍数になるとき、その数は3の倍数である」という性質を使うと、もっとかんたんに解けるのです。252のすべての位をたすと、2＋5＋2＝9。
9は3の倍数なので、252は3の倍数だとわかります。
このように、何の数の倍数かすぐに見分ける方法を、倍数判定法といいます。
数字ごとに見分けかたが違うので、興味があれば調べてみてください。

4 公倍数と最小公倍数

ここが大切！

公倍数と最小公倍数もベン図で理解しよう！

2つ以上の整数に共通する倍数を、それらの整数の**公倍数**といいます。**公倍数のうち、もっとも小さい数**を**最小公倍数**といいます。

例題 2と3の公倍数を小さい順に3つ答えましょう。また、2と3の最小公倍数を求めてください。

解答

まず、2と3の公倍数を求めます。2の倍数と3の倍数は次の通りです。

2の倍数　2、4、6、8、10、12、14、16、18、20…
3の倍数　3、6、9、12、15、18、21…

2の倍数と3の倍数に共通する6、12、18…が、2と3の公倍数です。

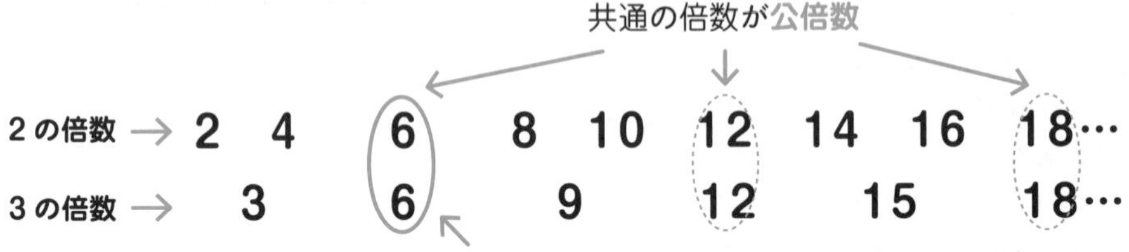

上のように、**公倍数のうち、**
もっとも小さい数を**最小公倍数**といいます。
2と3の最小公倍数は6です。

答え　公倍数…6、12、18　最小公倍数…6

2と3の公倍数についてベン図で表すと、右のようになります。

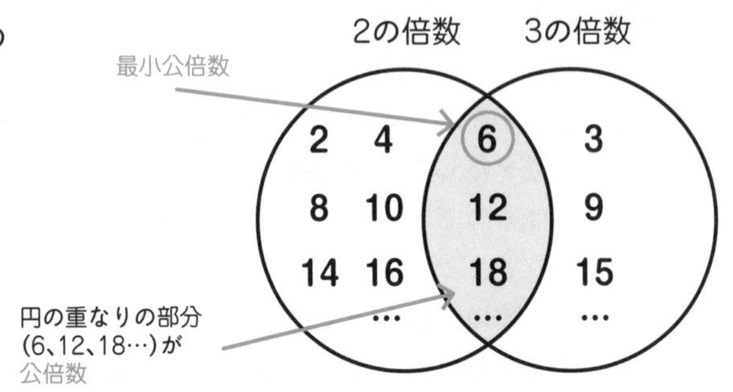

練習問題

10と15の公倍数を小さい順に3つ答えましょう。また、10と15の最小公倍数を求めてください。

解答

10 の倍数は 10、20、30、40、50、60、70、80、90…です。
15 の倍数は 15、30、45、60、75、90…です。
このうち、10 と 15 の公倍数（共通の倍数）は、小さい順に 30、60、90 です。
そして、10 と 15 の公倍数のうち、もっとも小さい数は 30 なので、10 と 15 の最小公倍数は 30 です。

これをベン図で表すと、右のようになります。

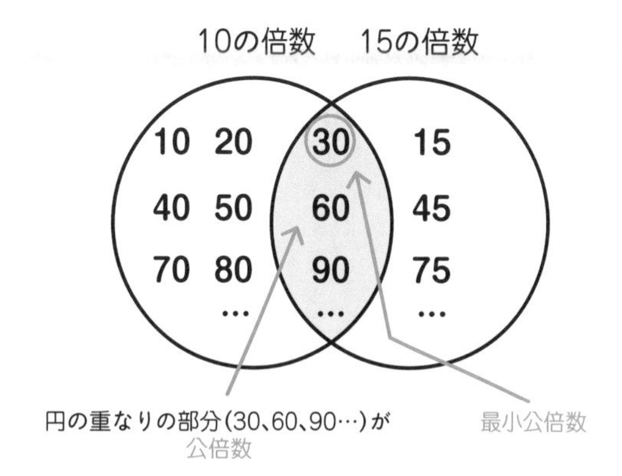

答え　**公倍数…30、60、90　最小公倍数…30**

教えるときのポイント！

最大公約数と最小公倍数を区別しよう！

最大公約数と**最小公倍数**という２つの用語を混同しているお子さんが多いです。
「約数と倍数」の単元では、次の６つの用語を必ずおさえておきましょう。

約数関係の用語　→　約数、公約数、最大公約数
倍数関係の用語　→　倍数、公倍数、最小公倍数

最大公約数と最小公倍数の覚えかた

合言葉は「セットで覚える」！

最大公約数と最小公倍数を混同しないためにも、**約数関係の３つの用語と、倍数関係の３つの用語をそれぞれセットで覚える**ようにするとよいでしょう。

これで１セット
約数 → **公約数**（共通の約数）→　**最大公約数**（公約数の中で最大）

これで１セット
倍数 → **公倍数**（共通の倍数）→　**最小公倍数**（公倍数の中で最小）

5 偶数と奇数

ここが大切！

偶数は2で割り切れる整数
奇数は2で割り切れない整数

1 偶数と奇数

上のポイントに加えて、偶数は**2の倍数**で、奇数は**2の倍数に1たした数**ということもできます。

例題 次の6つの数について、次の問いに答えましょう。

8、11、73、1002、0、65

（1）この中で偶数はどれですか。すべて答えてください。
（2）この中で奇数はどれですか。すべて答えてください。

解答

（1）8、1002は、それぞれ2で割り切れるので偶数です。
0も偶数なので、気をつけましょう。

答え　**8、1002、0**

（2）11、73、65は、それぞれ2で割り切れないので奇数です。

答え　**11、73、65**

教えるときのポイント！

偶数か奇数かをすぐに見分ける方法

2で割り切れるかどうかを確かめるのが面倒な場合は、一の位に注目して、偶数か奇数か見分ける方法も覚えておきましょう。

一の位が、0、2、4、6、8のいずれかなら偶数、
一の位が、1、3、5、7、9のいずれかなら奇数です。

この方法なら、91475といった大きな数も「一の位が5だから奇数」と、すぐに見分けることができます。

練習問題 1

次の7つの数について、次の問いに答えましょう。

1、2、4、15、24、29、33

（1）この中で偶数はどれですか。すべて答えてください。

（2）この中で奇数はどれですか。すべて答えてください。

解答

（1） 2、4、24は、それぞれ2で割り切れるので偶数です。　答え **2、4、24**

（2） 1、15、29、33は、それぞれ2で割り切れないので奇数です。　答え **1、15、29、33**

2 偶数、奇数のたし算、引き算

例えば、偶数と奇数をたすと、必ず奇数になります。偶数、奇数のたし算、引き算の答えをまとめると、次のようになるのでおさえましょう。

▶ **たし算**

・偶数 ＋ 偶数 ＝ 偶数

[例] ○○ ＋ ○○ ＝ ○○○○
2 ＋ 2 ＝ 4

・偶数 ＋ 奇数 ＝ 奇数

[例] ○○ ＋ ○ ＝ ○○○
2 ＋ 1 ＝ 3

・奇数 ＋ 偶数 ＝ 奇数

[例] ○ ＋ ○○ ＝ ○○○
1 ＋ 2 ＝ 3

・奇数 ＋ 奇数 ＝ 偶数

[例] ○ ＋ ○ ＝ ○○
1 ＋ 1 ＝ 2

▶ **引き算**

・偶数 － 偶数 ＝ 偶数

[例] ○○○○ － ○○ ＝ ○○
4 － 2 ＝ 2

・偶数 － 奇数 ＝ 奇数

[例] ○○ － ○ ＝ ○
2 － 1 ＝ 1

・奇数 － 偶数 ＝ 奇数

[例] ○○○ － ○○ ＝ ○
3 － 2 ＝ 1

・奇数 － 奇数 ＝ 偶数

[例] ○○○ － ○ ＝ ○○
3 － 1 ＝ 2

練習問題 2

876枚の紙があります。そのうち、477枚の紙を使うと、残った紙の枚数は偶数、奇数どちらになりますか。計算をせずに答えましょう。

解答

876は偶数で、477は奇数です。「**偶数－奇数＝奇数**」なので、残った紙の枚数は、奇数です。　答え **奇数**

1 分数とは

ここが大切！

真分数(しんぶんすう)、仮分数(かぶんすう)、帯分数(たいぶんすう)の違いをおさえよう！

1 分数とは

$\frac{1}{3}$、$\frac{3}{4}$、$\frac{7}{10}$ のような数を、分数といいます。

例えば、$\frac{1}{3}$ は、1を3等分したうちの1つ分です。 また、例えば、$\frac{3}{4}$ は、1を4等分したうちの3つ分です。

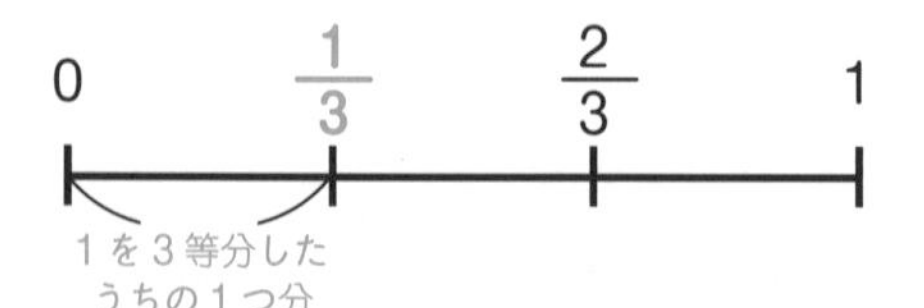

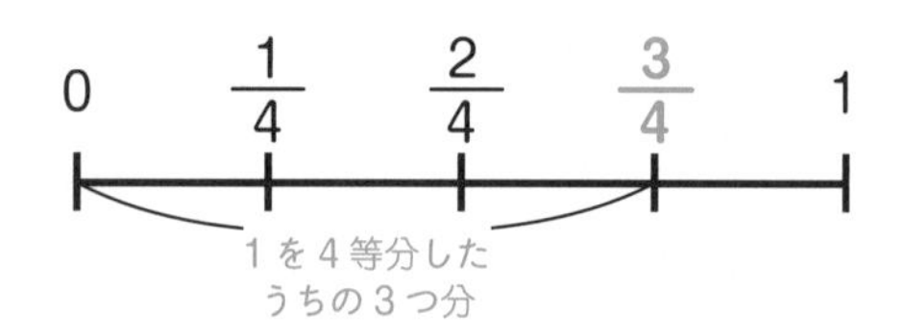

分数の横線の**下の数**を分母(ぶんぼ)、**上の数**を分子(ぶんし)といいます。

教えるときのポイント！

分母と分子の見分けかた

「**お母さんが子どもをおんぶしている**から、**下が分母で、上が分子なんだよ**」と教えると、お子さんはスムーズに覚えてくれます。

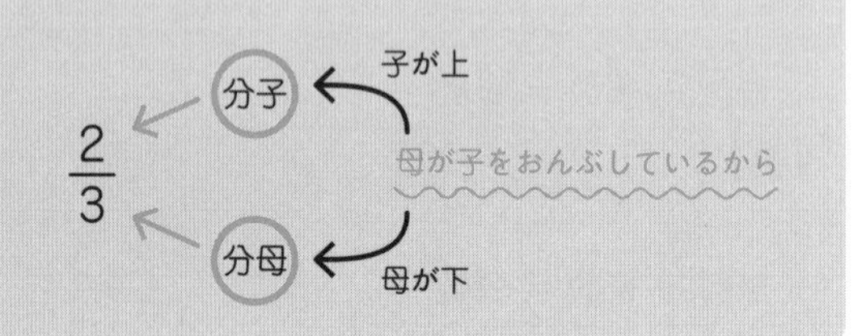

2 分数の種類

分数には、次の3種類があります。

・真分数(しんぶんすう)…$\frac{1}{2}$ や $\frac{3}{4}$ のように、**分子が分母より小さい分数**。

・仮分数(かぶんすう)…$\frac{2}{2}$ や $\frac{7}{3}$ のように、**分子が分母と等しいか、または、分子が分母より大きい分数**。

・帯分数(たいぶんすう)…$1\frac{1}{3}$ や $5\frac{3}{4}$ のように、**整数と真分数の和になっている分数**。

例えば、帯分数の $5\frac{3}{4}$ は、整数の5と真分数の $\frac{3}{4}$ がたし合わさったものです。

3 仮分数を、帯分数か整数に直す方法

まず、「分子÷分母」を計算して、①あまりが出る場合、②割り切れる場合によって、それぞれ次のように帯分数か整数に直します。

▶ ①あまりが出る場合

⇒帯分数に直す（「分子÷分母」を計算して、「商 $\frac{\text{あまり}}{\text{分母}}$」の形に直す）

[例] $\frac{7}{3}$ を帯分数に直す

$7 \div 3 = 2$ あまり 1
（7：分子、3：分母、2：商、1：あまり）

↓

商 $\frac{\text{あまり}}{\text{分母}}$ の形にする

↓

$\frac{7}{3} = 2\frac{1}{3}$

（仮分数）（帯分数）
2：商、1：あまり、3：分母はそのまま

▶ ②割り切れる場合

⇒整数に直す（「分子÷分母」を計算して、商の整数に直す）

[例] $\frac{35}{5}$ を整数に直す

$35 \div 5 = 7$
（35：分子、5：分母、7：商）

↓ そのまま

$\frac{35}{5} = 7$

（仮分数）（整数）

4 帯分数を仮分数に直す方法

帯分数　仮分数

$\square\frac{\triangle}{\bigcirc} = \frac{\square \times \bigcirc + \triangle}{\bigcirc}$

[例] $3\frac{4}{5}$ を仮分数に直す

$3\frac{4}{5} = \frac{3 \times 5 + 4}{5} = \frac{19}{5}$

練習問題

次の仮分数を、帯分数か整数に直しましょう。また、帯分数は仮分数に直しましょう。

（1）$\frac{22}{3}$　（2）$\frac{30}{6}$　（3）$2\frac{1}{4}$　（4）$14\frac{2}{7}$

解答

（1）$22 \div 3 = 7$ あまり 1
だから、$\frac{22}{3} = 7\frac{1}{3}$

（2）$30 \div 6 = 5$
だから、$\frac{30}{6} = 5$

（3）$2\frac{1}{4} = \frac{2 \times 4 + 1}{4} = \frac{9}{4}$

（4）$14\frac{2}{7} = \frac{14 \times 7 + 2}{7} = \frac{100}{7}$

2 約分と通分

ここが大切！
約分 ⇒ 分母と分子の最大公約数で割る
通分 ⇒ 分母を最小公倍数にそろえる

1 約分とは

約分とは、**分数の分母と分子を同じ数で割って、かんたんにすること**です。
分母と分子の最大公約数でそれぞれを割れば、最も簡単な分数にすることができます。

例題 1 次の分数を約分しましょう。

(1) $\frac{20}{24}$　　(2) $\frac{35}{84}$

解答

(1) 分母24と分子20の最大公約数は4です。分母と分子を最大公約数の4で割ると、次のように約分できます。

$$\frac{20}{24}=\frac{20\div4}{24\div4}=\frac{5}{6}$$

答え $\frac{5}{6}$

(2) 分母84と分子35の最大公約数は7です。分母と分子を最大公約数の7で割ると、次のように約分できます。

$$\frac{35}{84}=\frac{35\div7}{84\div7}=\frac{5}{12}$$

答え $\frac{5}{12}$

練習問題 1

次の分数を約分しましょう。

(1) $\frac{12}{30}$　　(2) $\frac{54}{72}$

解答

(1) $\frac{12}{30}=\frac{12\div6}{30\div6}=\frac{2}{5}$

(2) $\frac{54}{72}=\frac{54\div18}{72\div18}=\frac{3}{4}$

2 通分(つうぶん)とは

通分とは、**分母が違う2つ以上の分数を、分母が同じ分数に直すこと**です。
それぞれの分母の最小公倍数を分母にすれば、通分できます。

例題2 次の分数を通分しましょう。

(1) $\frac{3}{4}$、$\frac{5}{6}$　　(2) $\frac{7}{20}$、$\frac{8}{15}$、$\frac{11}{30}$

解答

(1) 分母の4と6の最小公倍数は12です。だから、分母を12にそろえれば通分できます。

$\frac{3}{4}=\frac{3\times3}{4\times3}=\frac{9}{12}$　$\frac{5}{6}=\frac{5\times2}{6\times2}=\frac{10}{12}$　答え $\frac{9}{12}$、$\frac{10}{12}$

(2) 分母の20と15と30の最小公倍数は60です。だから、分母を60にそろえれば通分できます。

$\frac{7}{20}=\frac{7\times3}{20\times3}=\frac{21}{60}$　$\frac{8}{15}=\frac{8\times4}{15\times4}=\frac{32}{60}$

$\frac{11}{30}=\frac{11\times2}{30\times2}=\frac{22}{60}$　答え $\frac{21}{60}$、$\frac{32}{60}$、$\frac{22}{60}$

練習問題2

次の分数を通分しましょう。

(1) $\frac{7}{10}$、$\frac{17}{25}$　　(2) $\frac{3}{8}$、$\frac{5}{12}$、$\frac{1}{6}$

解答

(1) $\frac{7}{10}=\frac{7\times5}{10\times5}=\frac{35}{50}$　$\frac{17}{25}=\frac{17\times2}{25\times2}=\frac{34}{50}$　答え $\frac{35}{50}$、$\frac{34}{50}$

(2) $\frac{3}{8}=\frac{3\times3}{8\times3}=\frac{9}{24}$　$\frac{5}{12}=\frac{5\times2}{12\times2}=\frac{10}{24}$　$\frac{1}{6}=\frac{1\times4}{6\times4}=\frac{4}{24}$　答え $\frac{9}{24}$、$\frac{10}{24}$、$\frac{4}{24}$

教えるときのポイント!

通分して分数の大きさを比べる

練習問題2 (1)の$\frac{7}{10}$と$\frac{17}{25}$は、一見どちらが大きいかわかりませんね。しかし、通分して$\frac{35}{50}$、$\frac{34}{50}$とすることで、$\frac{7}{10}$のほうが大きいことがわかります。
このように、**通分することで、分数の大きさを比べることができる**ことも、合わせて教えてあげてください。

3 分数と小数の変換（へんかん）

ここが大切！

分数を小数に直すには、分子を分母で割ればよい

例題 1 次の分数を小数に直しましょう。

（1） $\frac{2}{5}$　（2） $\frac{3}{4}$　（3） $2\frac{3}{20}$

解答

（1） $\frac{2}{5}$

$= 2 \div 5$　「分子÷分母」の形に直す

$= \mathbf{0.4}$　2÷5を筆算する

（2） $\frac{3}{4}$

$= 3 \div 4$　「分子÷分母」の形に直す

$= \mathbf{0.75}$　3÷4を筆算する

（3） $2\frac{3}{20}$

$= 2 + \frac{3}{20}$　帯分数は「整数＋分数」に直せる

$= 2 + (3 \div 20)$　$\frac{3}{20}$を「分子÷分母」の形に直す

$= 2 + 0.15$　3÷20を筆算する

$= \mathbf{2.15}$

練習問題 1

次の分数を小数に直しましょう。

（1） $\frac{7}{10}$　（2） $\frac{7}{8}$　（3） $12\frac{17}{25}$

解答

（1） $\frac{7}{10} = 7 \div 10 = 0.7$　（2） $\frac{7}{8} = 7 \div 8 = 0.875$

（3） $12\frac{17}{25} = 12 + (17 \div 25) = 12 + 0.68 = 12.68$

教えるときのポイント！

整数の割り算の商は、分数で表せる！

例題1（1）では、「$\frac{2}{5}=2\div5$」になることを説明しました。ここで、イコールの左右を逆にした、「$2\div5=\frac{2}{5}$」も成り立つことを教えましょう。つまり、**整数の割り算の商は、分数で表せる**のです。

$$\boxed{整数}\div\boxed{整数}=\frac{\boxed{整数}}{\boxed{整数}}$$

［例］$2\div5=\frac{2}{5}$

ここが大切！

小数を分数に直すには、$0.1=\frac{1}{10}$、$0.01=\frac{1}{100}$、$0.001=\frac{1}{1000}$ であることを利用しよう！

例題2 次の小数を分数に直しましょう。

（1）0.6　　（2）0.25　　（3）5.776

解答

（1）$0.1=\frac{1}{10}$ なので、$0.6=\frac{6}{10}$ です。$\frac{6}{10}$ を約分して、答えは $\frac{3}{5}$

（2）$0.01=\frac{1}{100}$ なので、$0.25=\frac{25}{100}$ です。$\frac{25}{100}$ を約分して、答えは $\frac{1}{4}$

（3）**5.776＝5＋0.776**なので、**まず0.776を分数に直します。**

$0.001=\frac{1}{1000}$ なので、$0.776=\frac{776}{1000}$ です。$\frac{776}{1000}$ を約分すると、$\frac{97}{125}$ になります。
$\frac{97}{125}$ に5をたして、答えは $5\frac{97}{125}$

練習問題 2

次の小数を分数に直しましょう。

（1）0.2　　（2）0.34　　（3）5.375

解答

（1）$0.2=\frac{2}{10}=\frac{1}{5}$　　（2）$0.34=\frac{34}{100}=\frac{17}{50}$

（3）$5.375=5+\frac{375}{1000}=5+\frac{3}{8}=5\frac{3}{8}$

帯分数(たいぶんすう)のくり上げ、くり下げ

ここが大切！

帯分数のくり上げ、くり下げをマスターすると、次に習う「分数のたし算と引き算」が楽になる！

1 帯分数の意味

例えば、$2\frac{3}{4}$ は、$2+\frac{3}{4}$ と変形できます。このように、**帯分数は、整数と分数の間に「＋」が省略された形**だということを知っておきましょう。

帯分数 ＝ 整数＋分数

$○\frac{△}{□} = ○+\frac{△}{□}$

＋が省略された形

2 帯分数のくり上げ

例題 1 $5\frac{17}{10}$ をくり上げましょう。

解答

$5\frac{17}{10}$ （$5\frac{17}{10}$ を和の形にする）

$= 5+\frac{17}{10}$ （$\frac{17}{10}$ を $1\frac{7}{10}$ にする）

$= 5+1\frac{7}{10}$ （5と1をたす）

$= \mathbf{6\frac{7}{10}}$

このように、**帯分数の整数部分を1大きくして、正しい帯分数に直す**ことを「**帯分数のくり上げ**」といいます。

練習問題 1

次の分数をくり上げましょう。

（1）$6\frac{5}{4}$　　（2）$20\frac{23}{16}$

解答

（1）$6\frac{5}{4}=6+\frac{5}{4}=6+1\frac{1}{4}=7\frac{1}{4}$

（2）$20\frac{23}{16}=20+\frac{23}{16}=20+1\frac{7}{16}=21\frac{7}{16}$

3 帯分数のくり下げ

例題2 $3\frac{1}{4}$ をくり下げましょう。

解答 $3\frac{1}{4}$

$= 2 + 1\frac{1}{4}$

$= 2 + \frac{5}{4}$

$= 2\frac{5}{4}$

3を2+1にする

$1\frac{1}{4}$ を $\frac{5}{4}$ にする

$2+\frac{5}{4}$ を$2\frac{5}{4}$ にする

このように、**帯分数の整数部分を1小さくなるように変形すること**を「**帯分数のくり下げ**」といいます。

練習問題 2

次の分数をくり下げましょう。

(1) $4\frac{7}{8}$　　(2) $11\frac{2}{15}$

解答

(1) $4\frac{7}{8}=3+1\frac{7}{8}=3+\frac{15}{8}=3\frac{15}{8}$

(2) $11\frac{2}{15}=10+1\frac{2}{15}=10+\frac{17}{15}=10\frac{17}{15}$

教えるときのポイント！

一気にくり上げ、くり下げできるように練習しよう！

「帯分数のくり上げ、くり下げ」を完璧にできる小学生は、意外に少ないものです。しかし、これがスムーズにできれば、次に習う「分数のたし算と引き算」を速く正確に計算できるようになります。

今回は、途中式を詳しく書きましたが、最終的には、$11\frac{2}{15}=10\frac{17}{15}$というように、**一気に変形できるように反復練習しましょう。**

大人も楽しい算数コラム

帯分数を英語にすると……？

帯分数は英語で、**mixed fraction** といいます。直訳すると、「混ざった分数」という意味です。

例えば、$5\frac{2}{7}$は、整数の5と分数の$\frac{2}{7}$が混ざった（たし合わさった）数です。だから、帯分数は「混ざった分数」なのです。

ちなみに、真分数は英語で、**proper fraction**（直訳すると「ふさわしい分数」）、仮分数は英語で、**improper fraction**（直訳すると「ふさわしくない分数」）といいます。

分数はもともと1より小さい数と考えられていました。だから、(1より小さい)真分数＝ふさわしい分数、なのです。

5 分母が同じ分数のたし算と引き算

ここが大切！

分母が同じ分数のたし算と引き算⇒分母はそのままで、分子をたし引きするだけ。答えが約分できるときは必ずする！

1 分母が同じ分数のたし算

例題 1 次の計算をしましょう。

（1）$\frac{3}{5}+\frac{4}{5}=$

（2）$2\frac{7}{8}+3\frac{5}{8}=$

解答

（1）$\frac{3}{5}+\frac{4}{5}$ 　分母はそのままにして分子をたす

$=\frac{7}{5}$ 　帯分数に直す

$=\mathbf{1\frac{2}{5}}$

（2）$2\frac{7}{8}+3\frac{5}{8}$ 　整数部分の2と3をたして、分子の7と5をたす

$=5\frac{12}{8}$ 　帯分数のくり上げ

$=6\frac{4}{8}$ 　約分する

$=\mathbf{6\frac{1}{2}}$

※（2）は、いったん仮分数に直して、次のように計算する方法もあります。

$2\frac{7}{8}+3\frac{5}{8}=\frac{23}{8}+\frac{29}{8}=\frac{52}{8}=6\frac{4}{8}=6\frac{1}{2}$

しかし、この方法より、「帯分数のくり上げ」を使ったほうが、最終的には速く計算できるようになります。そのため、「帯分数のくり上げ」を使う方法をオススメします。

練習問題 1

次の計算をしましょう。

（1）$\frac{4}{9}+\frac{7}{9}=$

（2）$1\frac{7}{10}+5\frac{9}{10}=$

解答

（1）$\frac{4}{9}+\frac{7}{9}=\frac{11}{9}=1\frac{2}{9}$

（2）$1\frac{7}{10}+5\frac{9}{10}=6\frac{16}{10}=7\frac{6}{10}=7\frac{3}{5}$

2 分母が同じ分数の引き算

例題2 次の計算をしましょう。

(1) $\frac{11}{12}-\frac{1}{12}=$　　(2) $7\frac{5}{16}-1\frac{13}{16}=$

解答

(1) $\frac{11}{12}-\frac{1}{12}$

$=\frac{10}{12}$

$=\frac{5}{6}$

分母はそのままにして分子を引く

約分する

(2) $7\frac{5}{16}-1\frac{13}{16}$

$=6\frac{21}{16}-1\frac{13}{16}$

$=5\frac{8}{16}$

$=5\frac{1}{2}$

分子の5から13は引けないので帯分数のくり下げをする

整数部分(6−1)、分子(21−13)を計算

約分する

※（2）は、いったん仮分数に直して、次のように計算する方法もあります。

$7\frac{5}{16}-1\frac{13}{16}=\frac{117}{16}-\frac{29}{16}=\frac{88}{16}=5\frac{8}{16}=5\frac{1}{2}$

左ページと同じで、この方法より、「帯分数のくり下げ」を使ったほうが、最終的には速く計算できるようになります。そのため、「帯分数のくり下げ」を使った解きかたをオススメします。

練習問題2

次の計算をしましょう。

(1) $5\frac{17}{20}-4\frac{5}{20}=$　　(2) $11\frac{1}{6}-8\frac{5}{6}=$

解答

(1) $5\frac{17}{20}-4\frac{5}{20}=1\frac{12}{20}=1\frac{3}{5}$

(2) $11\frac{1}{6}-8\frac{5}{6}=10\frac{7}{6}-8\frac{5}{6}=2\frac{2}{6}=2\frac{1}{3}$

教えるときのポイント！

「約分のし忘れ」に注意！

誰もが一度はしてしまうミス、それが「約分のし忘れ」です。答えが出てすぐに次の問題に進むのではなく、「求めた答えが約分できないかどうか」チェックする習慣を必ず身につけましょう。

6 分母が違う分数のたし算と引き算

ここが大切！

分母が違う分数のたし算と引き算⇒通分して分母をそろえてから計算

1 分母が違う分数のたし算

例題 1 次の計算をしましょう。

(1) $\frac{3}{4}+\frac{2}{3}=$

(2) $2\frac{14}{15}+5\frac{9}{10}=$

解答

(1) $\frac{3}{4}+\frac{2}{3}$ 分母の最小公倍数12で通分する

$=\frac{9}{12}+\frac{8}{12}$ 分子をたす

$=\frac{17}{12}$ 帯分数に直す

$=\mathbf{1\frac{5}{12}}$

(2) $2\frac{14}{15}+5\frac{9}{10}$ 分母の最小公倍数30で通分する

$=2\frac{28}{30}+5\frac{27}{30}$ 整数部分(2+5)、分子(28+27)を計算

$=7\frac{55}{30}$ 帯分数のくり上げ

$=8\frac{25}{30}$ 約分する

$=\mathbf{8\frac{5}{6}}$

練習問題 1

次の計算をしましょう。

(1) $\frac{7}{9}+\frac{5}{6}=$

(2) $4\frac{13}{14}+1\frac{5}{21}=$

解答

(1) $\frac{7}{9}+\frac{5}{6}=\frac{14}{18}+\frac{15}{18}=\frac{29}{18}=1\frac{11}{18}$

(2) $4\frac{13}{14}+1\frac{5}{21}=4\frac{39}{42}+1\frac{10}{42}=5\frac{49}{42}=6\frac{7}{42}=6\frac{1}{6}$

2 分母が違う分数の引き算

例題2 次の計算をしましょう。

(1) $\frac{4}{5}-\frac{3}{8}=$

(2) $5\frac{7}{20}-4\frac{23}{30}=$

解答

(1)
$$\frac{4}{5}-\frac{3}{8}$$
分母の最小公倍数40で通分する
$$=\frac{32}{40}-\frac{15}{40}$$
分子を引く
$$=\frac{17}{40}$$

(2)
$$5\frac{7}{20}-4\frac{23}{30}$$
分母の最小公倍数60で通分する
$$=5\frac{21}{60}-4\frac{46}{60}$$
21から46は引けないので、帯分数をくり下げる
$$=4\frac{81}{60}-4\frac{46}{60}$$
整数部分(4−4)、分子(81−46)を計算
$$=\frac{35}{60}$$
約分する
$$=\frac{7}{12}$$

練習問題 2

次の計算をしましょう。

(1) $\frac{11}{12}-\frac{2}{3}=$

(2) $7\frac{1}{14}-4\frac{6}{35}=$

解答

(1) $\frac{11}{12}-\frac{2}{3}=\frac{11}{12}-\frac{8}{12}=\frac{3}{12}=\frac{1}{4}$

(2) $7\frac{1}{14}-4\frac{6}{35}=7\frac{5}{70}-4\frac{12}{70}=6\frac{75}{70}-4\frac{12}{70}=2\frac{63}{70}=2\frac{9}{10}$

教えるときのポイント！

ここが分数計算の頂上！

「分母が違う分数のたし算と引き算」は、計算の過程が少しややこしく、くじけそうになるところです。しかし、この項目が分数の計算で一番の難関。次の「分数のかけ算と割り算」は、この項目と比べると楽に感じる子が多くなります。

「ここをこえると楽になる」ことを、お子さんに合った言いかたで伝えてあげるとよいでしょう。

7 分数のかけ算

ここが大切！

分数のかけ算は、分母どうし、分子どうしをかける

1 約分できない分数のかけ算

例題 1 次の計算をしましょう。

(1) $\frac{5}{7} \times \frac{3}{4} =$　(2) $\frac{8}{11} \times 5 =$　(3) $2\frac{1}{3} \times 1\frac{5}{8} =$

解答

(1) $\frac{5}{7} \times \frac{3}{4}$

$= \frac{5 \times 3}{7 \times 4}$ （分母どうし、分子どうしをかける）

$= \mathbf{\frac{15}{28}}$

(2) $\frac{8}{11} \times 5$

$= \frac{8}{11} \times \frac{5}{1}$ （5を$\frac{5}{1}$に直す（整数は$\frac{整数}{1}$に直せる））

$= \frac{8 \times 5}{11 \times 1}$ （分母どうし、分子どうしをかける）

$= \frac{40}{11}$

$= \mathbf{3\frac{7}{11}}$ （帯分数に直す）

(3) $2\frac{1}{3} \times 1\frac{5}{8}$

$= \frac{7}{3} \times \frac{13}{8}$ （仮分数に直す）

$= \frac{7 \times 13}{3 \times 8}$ （分母どうし、分子どうしをかける）

$= \frac{91}{24}$

$= \mathbf{3\frac{19}{24}}$ （帯分数に直す）

練習問題 1

次の計算をしましょう。

(1) $\frac{5}{9} \times \frac{2}{3} =$　(2) $8 \times \frac{4}{5} =$　(3) $5\frac{3}{4} \times 1\frac{2}{3} =$

解答

(1) $\frac{5}{9} \times \frac{2}{3} = \frac{5 \times 2}{9 \times 3} = \frac{10}{27}$

(2) $8 \times \frac{4}{5} = \frac{8}{1} \times \frac{4}{5} = \frac{8 \times 4}{1 \times 5} = \frac{32}{5} = 6\frac{2}{5}$

(3) $5\frac{3}{4} \times 1\frac{2}{3} = \frac{23}{4} \times \frac{5}{3} = \frac{23 \times 5}{4 \times 3} = \frac{115}{12} = 9\frac{7}{12}$

2 約分できる分数のかけ算

約分できる分数のかけ算は、次の２ステップで計算しましょう。

①かける前に約分をする　②分母どうし、分子どうしをかける

例題2 次の計算をしましょう。

（1）$\frac{5}{6}\times\frac{9}{10}=$　（2）$2\frac{1}{7}\times 2\frac{1}{10}=$

解答

（1）$\frac{5}{6}\times\frac{9}{10}$

$=\frac{\overset{1}{\cancel{5}}\times\overset{3}{\cancel{9}}}{\underset{2}{\cancel{6}}\times\underset{2}{\cancel{10}}}$ ←かける前に約分する

$=\frac{3}{4}$ ←分母どうし、分子どうしをかける

（2）$2\frac{1}{7}\times 2\frac{1}{10}$

$=\frac{15}{7}\times\frac{21}{10}$ ←仮分数に直す

$=\frac{\overset{3}{\cancel{15}}\times\overset{3}{\cancel{21}}}{\underset{1}{\cancel{7}}\times\underset{2}{\cancel{10}}}$ ←かける前に約分する

$=\frac{9}{2}$ ←分母どうし、分子どうしをかける

$=4\frac{1}{2}$ ←帯分数に直す

練習問題 2

次の計算をしましょう。

（1）$\frac{3}{8}\times\frac{4}{9}=$　（2）$2\frac{1}{12}\times 3\frac{11}{15}=$　（3）$\frac{1}{4}\times 5\frac{1}{7}\times 28=$

解答

（1）$\frac{3}{8}\times\frac{4}{9}=\frac{\overset{1}{\cancel{3}}\times\overset{1}{\cancel{4}}}{\underset{2}{\cancel{8}}\times\underset{3}{\cancel{9}}}=\frac{1}{6}$

（2）$2\frac{1}{12}\times 3\frac{11}{15}=\frac{25}{12}\times\frac{56}{15}=\frac{\overset{5}{\cancel{25}}\times\overset{14}{\cancel{56}}}{\underset{3}{\cancel{12}}\times\underset{3}{\cancel{15}}}=\frac{70}{9}=7\frac{7}{9}$

（3）$\frac{1}{4}\times 5\frac{1}{7}\times 28=\frac{1}{4}\times\frac{36}{7}\times\frac{28}{1}=\frac{1\times 36\times\overset{1}{\cancel{28}}}{\underset{1}{\cancel{4}}\times\underset{1}{\cancel{7}}\times 1}=\frac{36}{1}=36$

教えるときのポイント！

かけた後に約分するのはミスのもと！

約分できる分数のかけ算では、かける前に約分するのが鉄則です。かけた後に約分しても正しい答えは出せるのですが、手間がかかるため、時間がかかり、ミスのもとにもなります。

例えば、例題2（1）の「$\frac{5}{6}\times\frac{9}{10}$」で、まず分母どうし、分子どうしをかけると、$\frac{45}{60}$になります。これを約分して、$\frac{3}{4}$と正しい答えを出すことはできます。しかし、先に約分してからかけるほうが、すばやく正確に答えを出せます。

教える際は、「かける前に約分」「かけた後に約分」の２パターンを計算してもらい、どちらが計算しやすいかを学んでもらうのも、ひとつの方法です。

8 分数の割り算

ここが大切！

分数の割り算は、割る分数の分母と分子をひっくり返して、かける

1 逆数（ぎゃくすう）

逆数とは、**分数の分母と分子をひっくり返したもの**です。例えば、$\frac{4}{5}$の逆数は、$\frac{5}{4}$です。

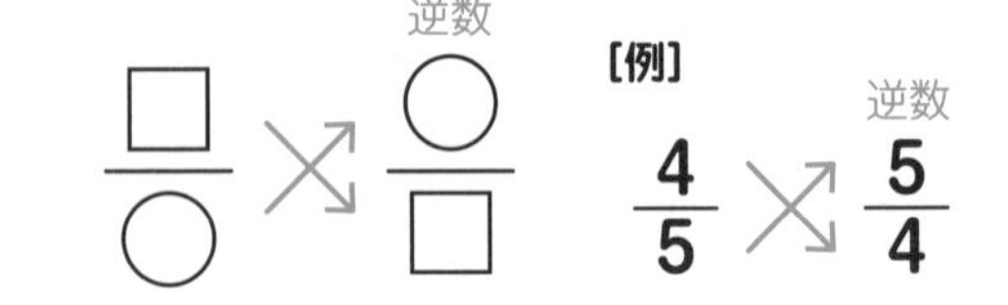

例題 1 次の数の逆数を答えましょう。 （1）$\frac{5}{9}$ （2）$3\frac{1}{2}$ （3）$\frac{1}{5}$ （4）8

解答

（1）$\frac{5}{9}$の逆数は、分母と分子をひっくり返した$\mathbf{\frac{9}{5}}$**（または$1\frac{4}{5}$）**です。

（2）$3\frac{1}{2}$を仮分数に直すと$\frac{7}{2}$です。$\frac{7}{2}$の逆数は、分母と分子をひっくり返した$\mathbf{\frac{2}{7}}$です。

（3）$\frac{1}{5}$の逆数は、分母と分子をひっくり返した$\frac{5}{1}$です。$\frac{整数}{1}$は整数に直せるので、$\frac{5}{1}=\mathbf{5}$です。

（4）整数は$\frac{整数}{1}$なので、$8=\frac{8}{1}$です。$\frac{8}{1}$の逆数は、分母と分子をひっくり返した$\mathbf{\frac{1}{8}}$です。

練習問題 1

次の数の逆数を答えましょう。 （1）$\frac{10}{17}$ （2）$5\frac{1}{3}$ （3）$\frac{1}{2}$ （4）15

解答

（1）$\frac{17}{10}$（または$1\frac{7}{10}$） （2）$\frac{3}{16}$ （3）2 （4）$\frac{1}{15}$

教えるときのポイント！

逆数の本当の意味

逆数とは、分数の分母と分子をひっくり返したものだと教えましたが、厳密には、それは完全に正しい意味とはいえません。

$\frac{4}{5}$ の逆数は、$\frac{5}{4}$ です。そして、この2つの分数をかけると、$\frac{4}{5}\times\frac{5}{4}=1$ となります。

このように、2つの数をかけた答えが1になるとき、一方の数をもう一方の数の逆数といいます。これが、逆数の本当の意味です。

これは小学校でも習うので、お子さんが理解できそうなら教えましょう。

2 分数の割り算

分数の割り算は、割る分数を逆数にしてかけましょう。言いかえると、「割る数の分母と分子をひっくり返して」かけるということです。

かけ算に直した後、約分できる場合は、かける前に約分して計算します。

例題2 次の計算をしましょう。

(1) $\frac{3}{5}\div\frac{2}{3}=$　(2) $\frac{14}{15}\div\frac{7}{10}=$　(3) $8\frac{1}{4}\div1\frac{1}{8}=$

解答

(1) $\frac{3}{5}\div\frac{2}{3}$ （分母と分子をひっくり返してかけ算に直す）

$=\frac{3}{5}\times\frac{3}{2}$ （分母どうし、分子どうしをかける）

$=\mathbf{\frac{9}{10}}$

(2) $\frac{14}{15}\div\frac{7}{10}$ （分母と分子をひっくり返してかけ算に直す）

$=\frac{14}{15}\times\frac{10}{7}$

$=\frac{\overset{2}{\cancel{14}}\times\overset{2}{\cancel{10}}}{\underset{3}{\cancel{15}}\times\underset{1}{\cancel{7}}}$ （かける前に約分する）

$=\frac{4}{3}$ （分母どうし、分子どうしをかける）

$=\mathbf{1\frac{1}{3}}$ （帯分数に直す）

(3) $8\frac{1}{4}\div1\frac{1}{8}$ （仮分数に直す）

$=\frac{33}{4}\div\frac{9}{8}$ （分母と分子をひっくり返してかけ算に直す）

$=\frac{33}{4}\times\frac{8}{9}$

$=\frac{\overset{11}{\cancel{33}}\times\overset{2}{\cancel{8}}}{\underset{1}{\cancel{4}}\times\underset{3}{\cancel{9}}}$ （かける前に約分する）

$=\frac{22}{3}=\mathbf{7\frac{1}{3}}$ （分母どうし、分子どうしをかける／帯分数に直す）

練習問題 2

次の計算をしましょう。

(1) $\frac{5}{6}\div\frac{2}{5}=$　(2) $3\div1\frac{9}{10}=$　(3) $\frac{9}{16}\div\frac{3}{14}=$　(4) $6\frac{3}{11}\div1\frac{1}{22}=$

解答

(1) $\frac{5}{6}\div\frac{2}{5}=\frac{5}{6}\times\frac{5}{2}=\frac{25}{12}=2\frac{1}{12}$

(2) $3\div1\frac{9}{10}=\frac{3}{1}\div\frac{19}{10}=\frac{3}{1}\times\frac{10}{19}=\frac{30}{19}=1\frac{11}{19}$

(3) $\frac{9}{16}\div\frac{3}{14}=\frac{9}{16}\times\frac{14}{3}=\frac{\overset{3}{\cancel{9}}\times\overset{7}{\cancel{14}}}{\underset{8}{\cancel{16}}\times\underset{1}{\cancel{3}}}=\frac{21}{8}=2\frac{5}{8}$

(4) $6\frac{3}{11}\div1\frac{1}{22}=\frac{69}{11}\div\frac{23}{22}=\frac{69}{11}\times\frac{22}{23}=\frac{\overset{3}{\cancel{69}}\times\overset{2}{\cancel{22}}}{\underset{1}{\cancel{11}}\times\underset{1}{\cancel{23}}}=\frac{6}{1}=6$

1 さまざまな四角形

ここが大切！

「平行四辺形ってどんな四角形？」「台形ってどんな四角形？」などの質問に答えられるようにしよう！

4本の直線でかこまれた形を四角形といいます。

また、**向かい合った頂点をつないだ直線を**対角線（たいかくせん）といいます。

四角形の内角（内がわの角）の和は360度です。

次の５つの四角形の名前と意味をおさえましょう。

四角形

対角線
（向かい合った頂点をつないだ直線）

正方形…４つの辺の長さが等しく、４つの角が直角の四角形

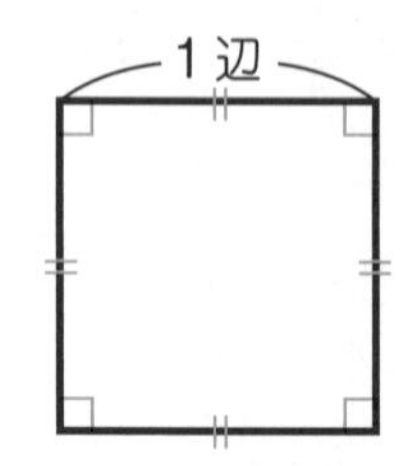

長方形…４つの角が直角の四角形

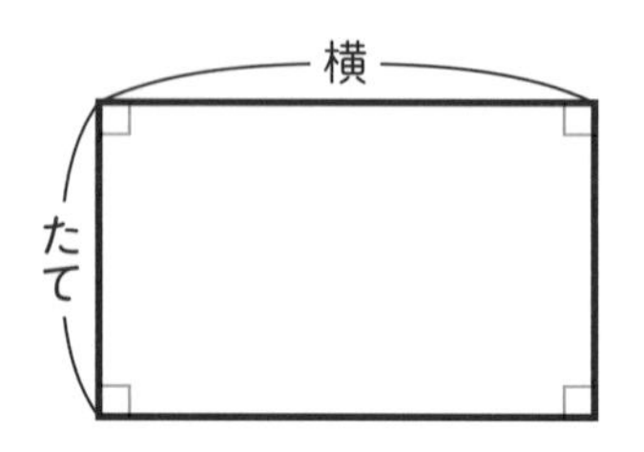

平行四辺形…２組の向かい合う辺がそれぞれ平行な四角形

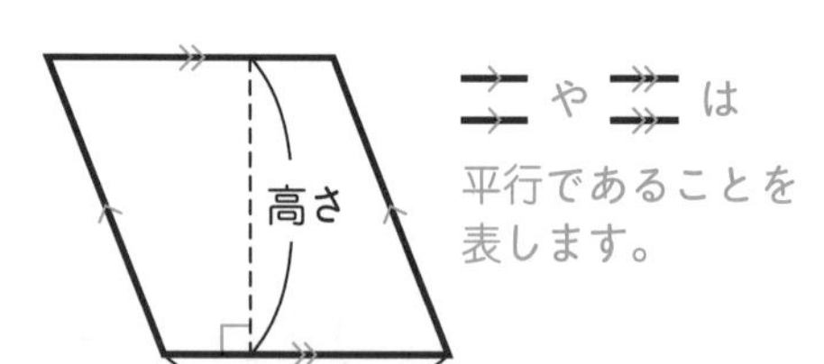

台形…１組の向かい合う辺が平行な四角形

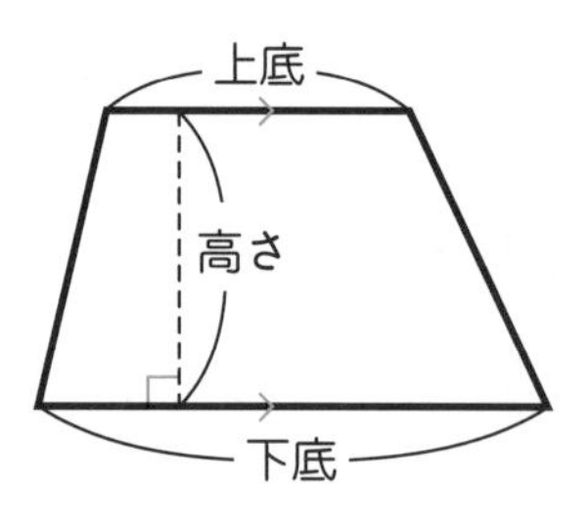

ひし形…４つの辺の長さが等しい四角形

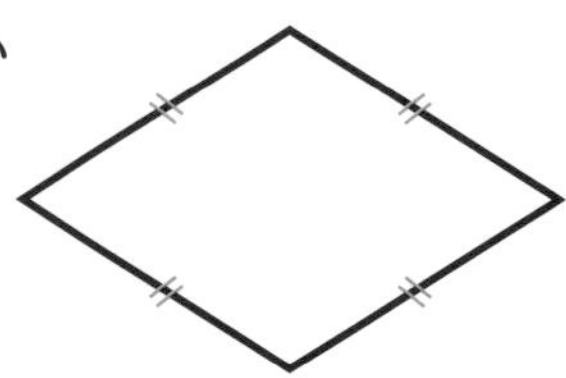

教えるときのポイント！

正方形ってどんな形？

授業で「正方形ってどんな形？」と聞くと、「4つの辺の長さが等しい四角形！」という答えが返ってくることが多くあります。
しかし、これは厳密にいうと間違いです（「ひし形ってどんな形？」の答えとしてなら正解なのですが）。
正しくは、「4つの辺の長さが等しく、4つの角が直角の四角形」です。
ひっかけ問題のようですが、算数では、用語の意味（定義）を正確におさえることが大事なのです。

練習問題

次の（1）～（3）の（　　）にあてはまる四角形をすべて答えましょう。（　　）には、正方形、長方形、平行四辺形、台形、ひし形のいずれかが入ります。

（1）4つの角が直角の四角形は、（　　）です。

（2）向かい合った2組の辺の長さが、それぞれ等しい四角形は、（　　）です。

（3）2本の対角線の長さが同じ四角形は、（　　）です。

解答

（1）4つの角が直角の四角形は正方形、長方形です。

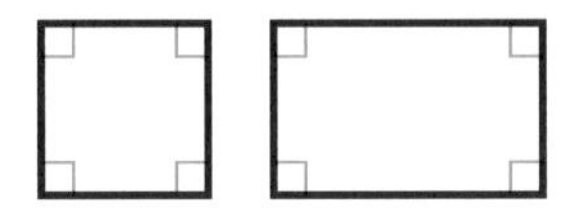

（2）向かい合った2組の辺の長さが、それぞれ等しい四角形は
正方形、長方形、平行四辺形、ひし形です。

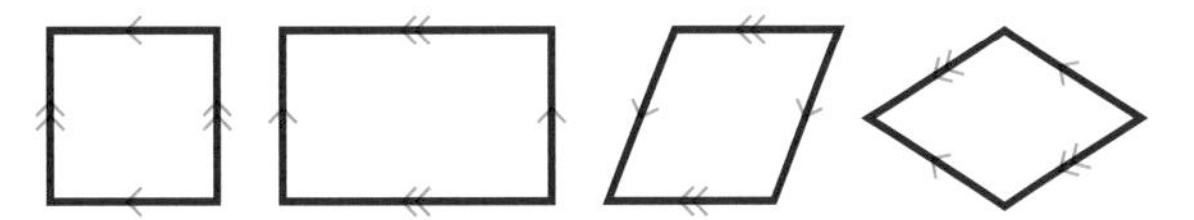

（3）2本の対角線の長さが同じ四角形は正方形、長方形です。

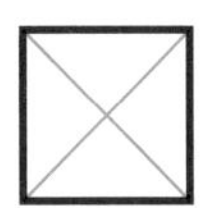

2 四角形の面積

ここが大切！ **さまざまな四角形の面積を求める公式をおさえよう**

正方形の面積＝1辺×1辺

長方形の面積＝たて×横

平行四辺形の面積＝底辺×高さ

台形の面積＝(上底＋下底)×高さ÷2

ひし形の面積＝対角線×対角線÷2

広さのことを面積といいます。

小学算数によく出てくる**面積の単位**は、cm^2（読みかたは平方センチメートル）です。**1辺が1cm の正方形の面積**が、$1cm^2$です。

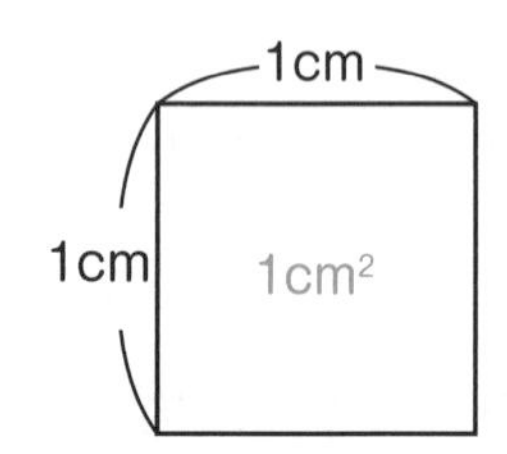

例題 次の四角形の面積をそれぞれ求めましょう。

（1）正方形 （2）長方形 （3）平行四辺形 （4）台形 （5）ひし形

1辺5cm

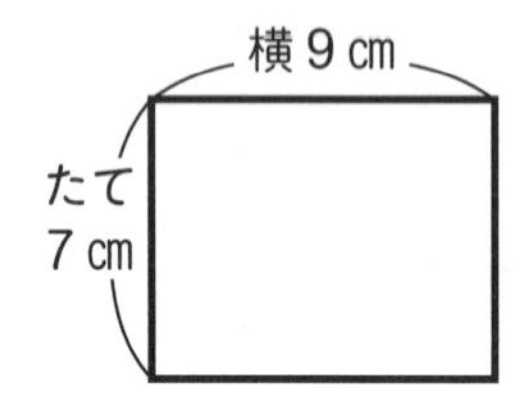

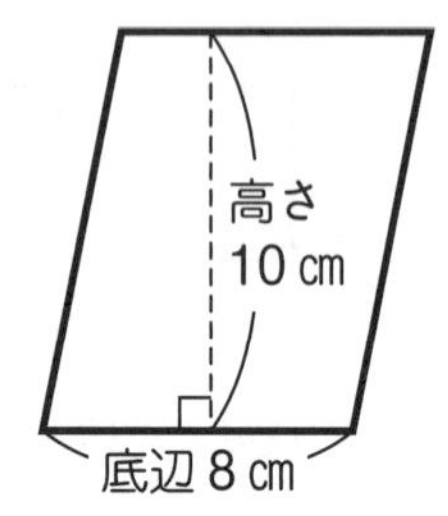

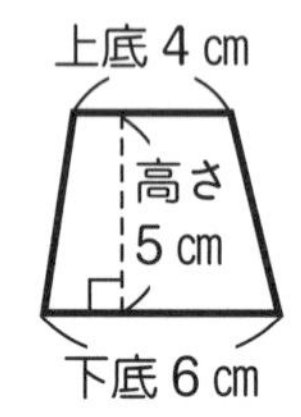

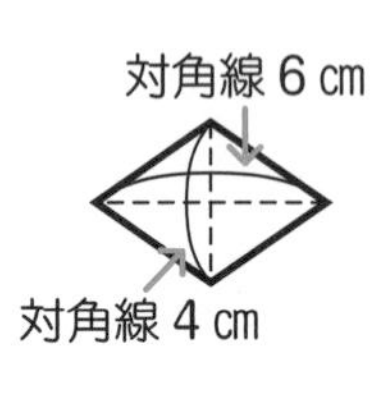

解答

（1）「正方形の面積＝1辺×1辺」なので、5×5＝**25cm²**

（2）「長方形の面積＝たて×横」なので、7×9＝**63cm²**

（3）「平行四辺形の面積＝底辺×高さ」なので、8×10＝**80cm²**

（4）「台形の面積＝(上底＋下底)×高さ÷2」なので、(4＋6)×5÷2＝**25cm²**

（5）「ひし形の面積＝対角線×対角線÷2」なので、4×6÷2＝**12cm²**

練習問題

次の四角形の面積をそれぞれ求めましょう。

（1）正方形　（2）長方形　（3）平行四辺形　（4）台形　（5）ひし形

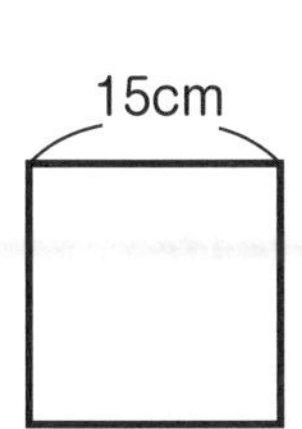

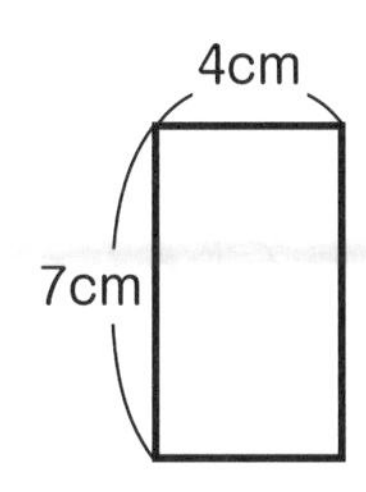

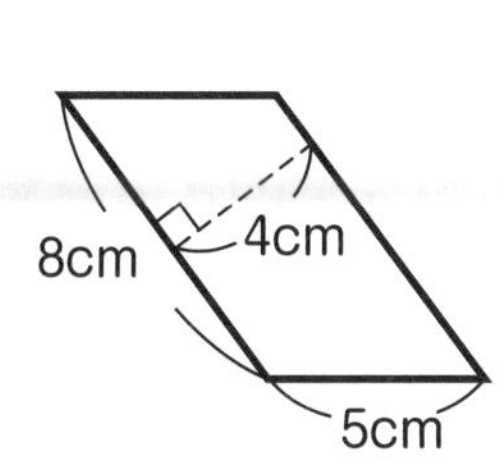

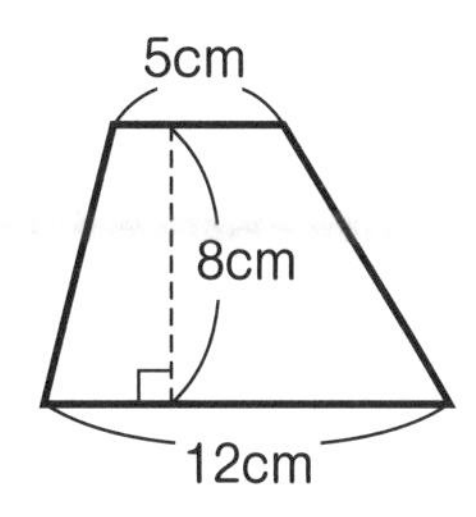

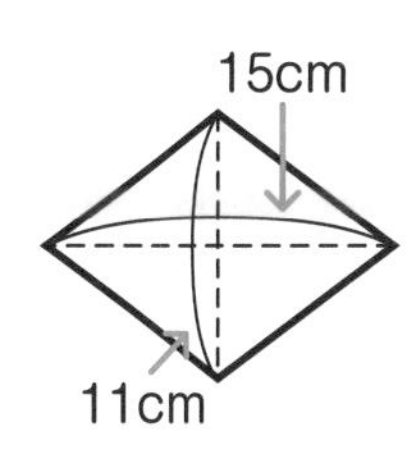

解答

（1）「正方形の面積＝1辺×1辺」なので、15×15＝225cm²

（2）「長方形の面積＝たて×横」なので、7×4＝28cm²

（3）「平行四辺形の面積＝底辺×高さ」なので、8×4＝32cm²

※下記の 教えるときのポイント！ を参照してください

（4）「台形の面積＝(上底＋下底)×高さ÷2」なので、(5＋12)×8÷2＝68cm²

（5）「ひし形の面積＝対角線×対角線÷2」なので、11×15÷2＝82.5cm²

教えるときのポイント！

平行四辺形の底辺と高さは垂直に交わる！

練習問題（3）は、どこが底辺で、どこが高さか迷ったかもしれません。底辺を5cm、高さを8cmと考えて、5×8＝40cm²とするのは間違いなので気をつけましょう。

大事なのは、「平行四辺形の底辺と高さは垂直に交わる」ということです。

5cmの辺を底辺とみると、この辺と垂直に交わる高さが何cmかわからないので、面積を求められません。

一方、8cmの辺を底辺とみると、この辺と垂直に交わる高さは4cmです。だから、この平行四辺形の面積は8×4＝32cm²になるのです。

5cmの辺を底辺と考えると……

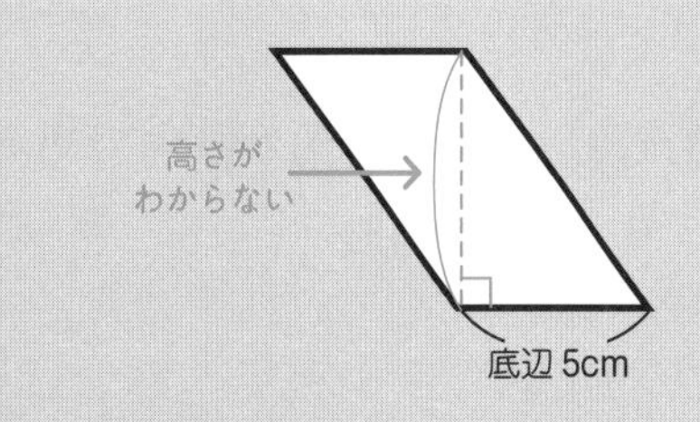

8cmの辺を底辺と考えると……

3 さまざまな三角形

ここが大切！

「二等辺三角形ってどんな三角形？」「直角三角形ってどんな三角形？」などの質問に答えられるようにしよう！

3本の直線でかこまれた形を三角形といいます。
三角形の内角の和は180度です。

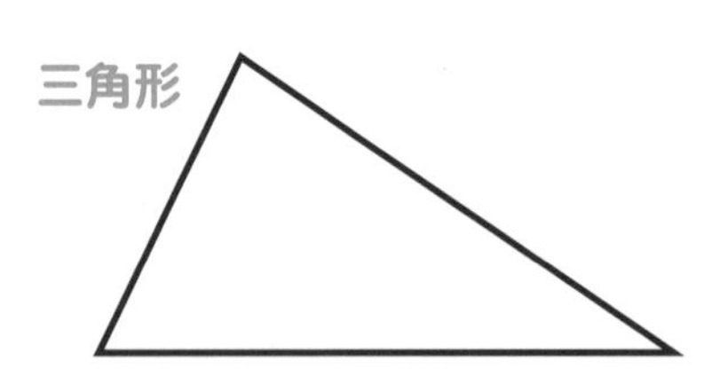

次の4つの三角形の名前と意味をおさえましょう。

正三角形…3つの辺の長さが等しい三角形

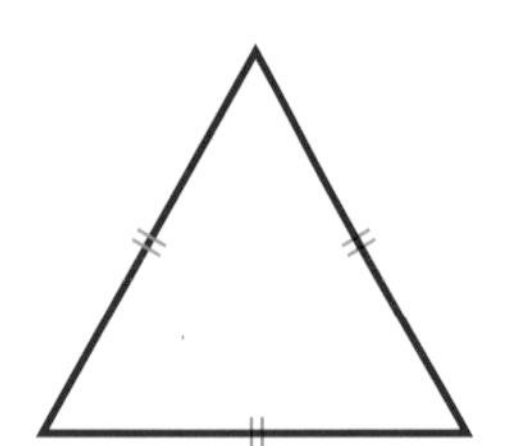

二等辺三角形…2つの辺の長さが等しい三角形

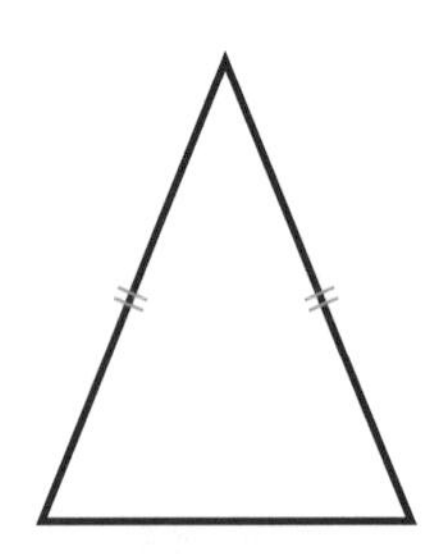

直角三角形…1つの角が直角である三角形

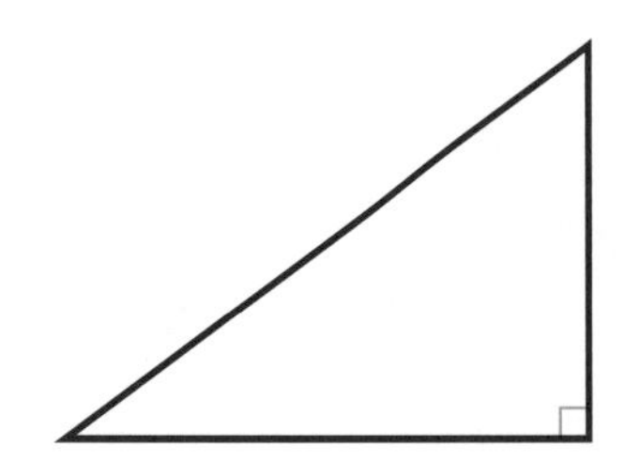

直角二等辺三角形…
2つの辺の長さが等しく、この2つの辺の間の角が直角の三角形

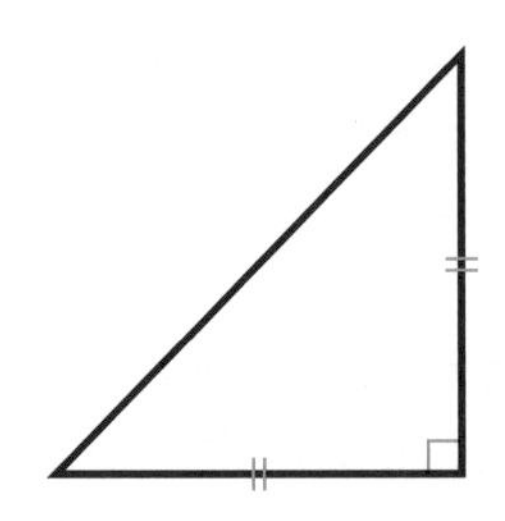

教えるときのポイント！

2つの角が直角の三角形ってある？

「2つの角が直角の三角形ってあると思う？」という質問をお子さんにしてみてください。

直角三角形は、1つの角が直角である三角形です。

一方、2つの角が直角の三角形を作図しようとしても、どうしても書けないことがわかると思います。

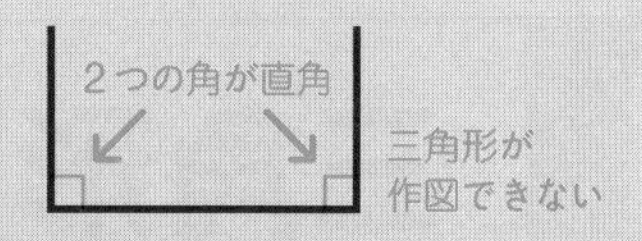

三角形の内角の和は180度です。しかし、2つの角が直角である場合、その2つの角度の合計が90×2＝180度となり、3つめの角が作れないので、**「2つの角が直角の三角形」は存在しない**のです。

練習問題

次の三角形の名前をそれぞれ答えましょう。

（1）

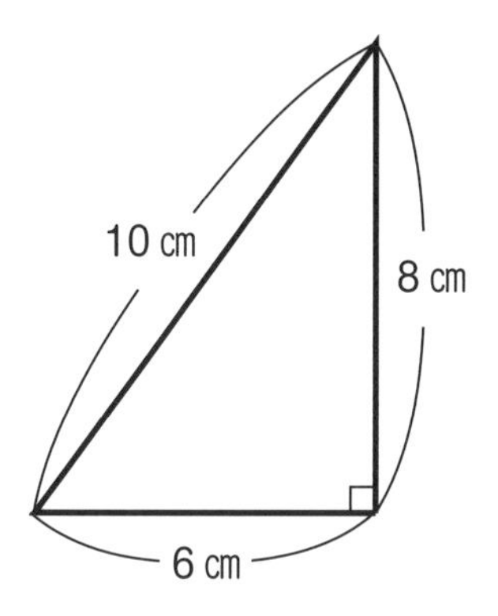

（2）

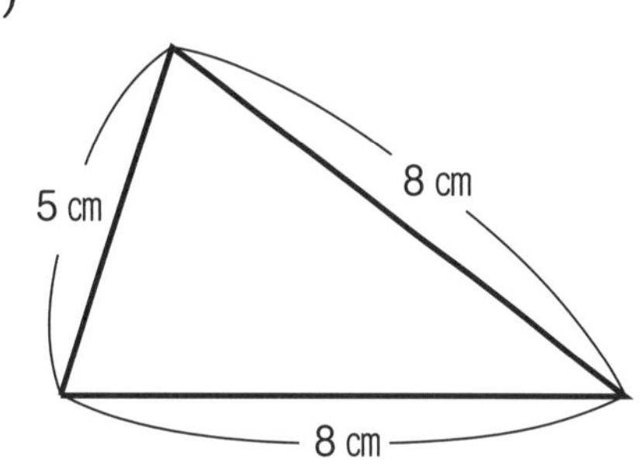

（3）

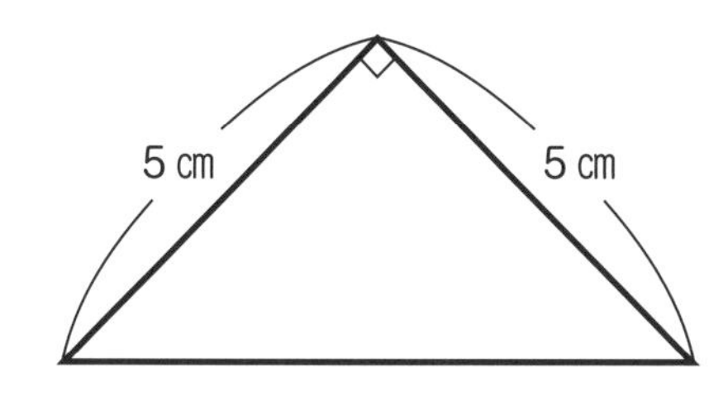

（4）

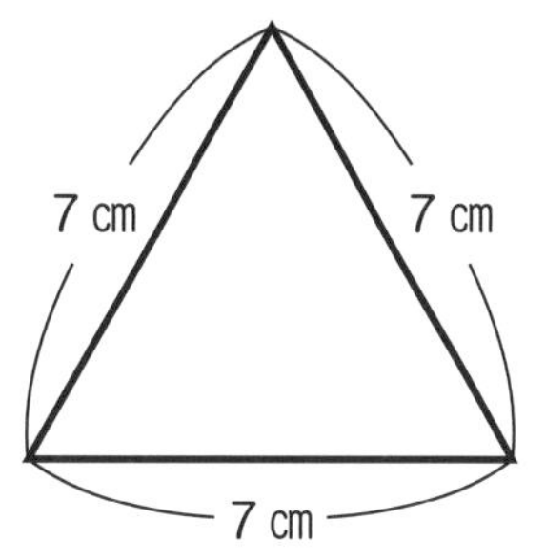

解答

（1）1つの角が直角なので、直角三角形

（2）2つの辺の長さが等しいので、二等辺三角形

（3）2つの辺の長さが等しく、この2つの辺の間の角が直角なので、直角二等辺三角形

（4）3つの辺の長さが等しいので、正三角形

4 三角形の面積

ここが大切！
次の2つのポイントをおさえよう
①三角形の面積＝底辺×高さ÷2
②底辺（を延長した直線）と高さは必ず垂直に交わる！

三角形の面積は、「底辺×高さ÷2」で求めることができます。

次の図で、三角形の高さとは、底辺 BC に垂直な**線分 AD の長さ**のことです。

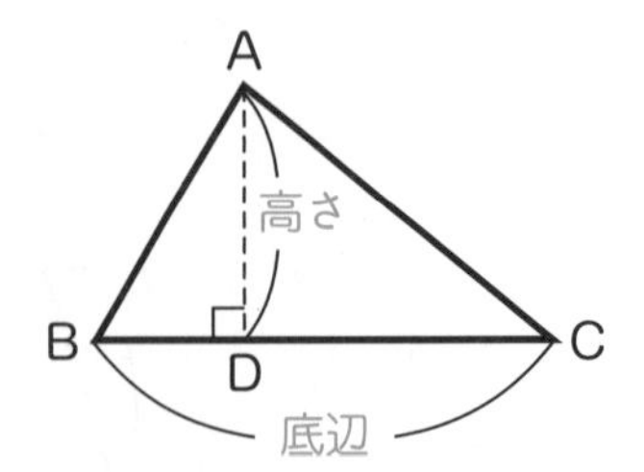

例題 次の三角形ABCの面積をそれぞれ求めましょう。

（1）

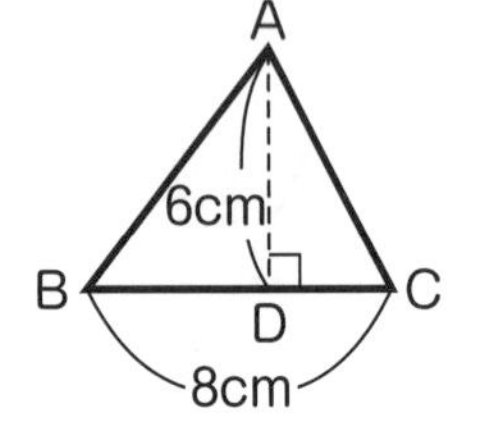

（2）

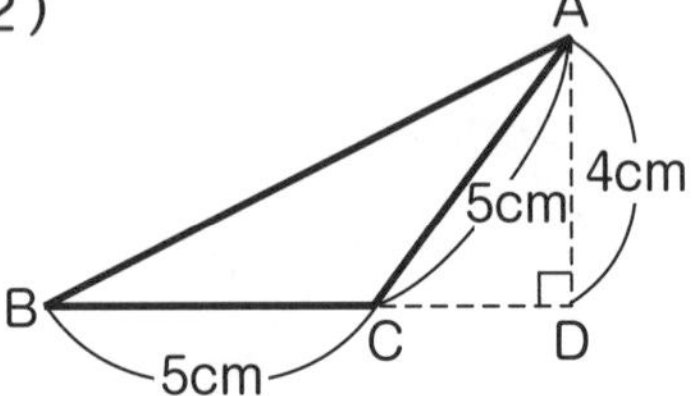

解答

（1）BC（8cm）が底辺で、AD（6cm）が高さです。
「三角形の面積＝底辺×高さ÷2」なので、8×6÷2＝**24cm²**

（2）このような形の三角形の場合、BC（5cm）を底辺とすると、
底辺を延長した直線 CD に垂直な線分 AD（4cm）の長さが高さになります。
「三角形の面積＝底辺×高さ÷2」なので、5×4÷2＝**10cm²**
※教えるときのポイント！を参照してください

教えるときのポイント！

底辺（を延長した直線）と高さは必ず垂直に交わる！

例題 （1）の三角形では、底辺 BC と高さ AD は垂直に交わっています。一方、（2）の三角形では、BC を底辺とすると、高さは AD になります。（2）の場合、底辺を延長した直線と高さが垂直に交わっています。ちなみに、（2）の辺 AC は、底辺 BC と垂直ではないので、高さではありません。

「底辺（を延長した直線）と高さは必ず垂直に交わる」ということをおさえましょう。

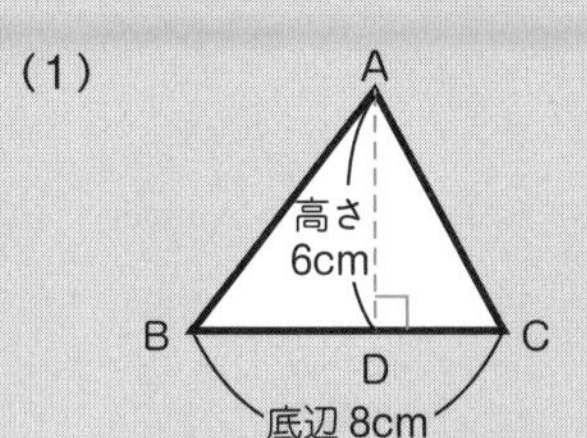

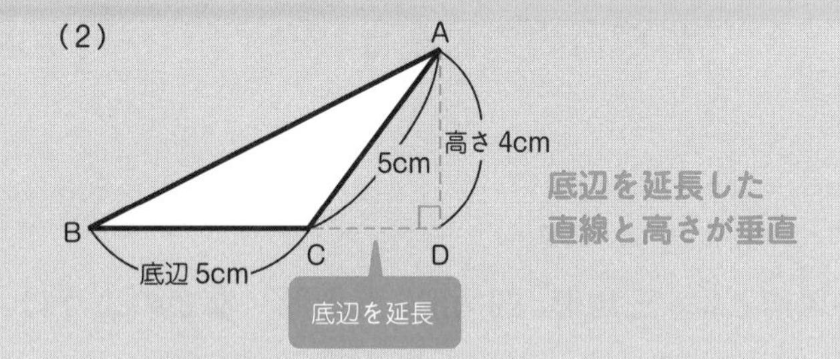

練習問題

次の三角形 ABC の面積をそれぞれ求めましょう。

（1）

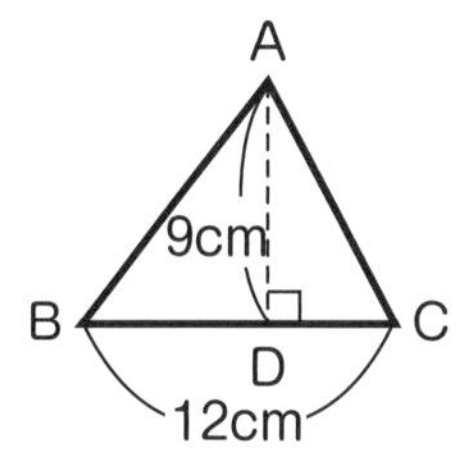

（2）

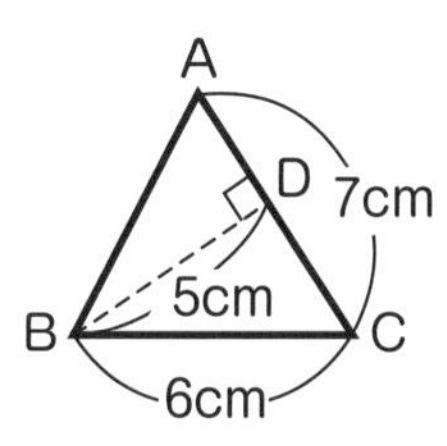

（3）

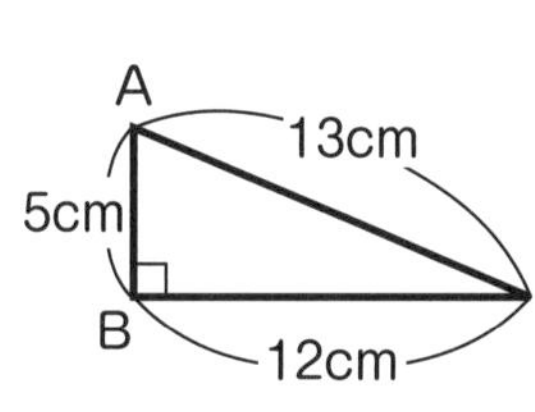

（4）

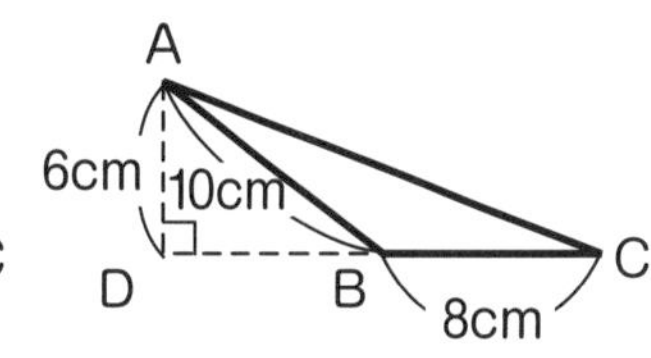

解答

（1） BC（12cm）が底辺で、AD（9cm）が高さです。
「三角形の面積＝底辺×高さ÷2」なので、12×9÷2＝54cm²

（2） AC（7cm）を底辺とすると、BD（5cm）が高さです。
「三角形の面積＝底辺×高さ÷2」なので、7×5÷2＝17.5cm²
※BCを底辺とすると、高さがわからないので、面積を求められません。

（3） BC（12cm）を底辺とすると、AB（5cm）が高さです。
※逆に、ABを底辺、BCを高さと考えてもかまいません。
「三角形の面積＝底辺×高さ÷2」なので、12×5÷2＝30cm²

（4） BC（8cm）を底辺とすると、AD（6cm）が高さです。
「三角形の面積＝底辺×高さ÷2」なので、8×6÷2＝24cm²

5 多角形とは

ここが大切！

□角形の内角の和は180×（□－2）で求めよう

多角形とは、**三角形、四角形、五角形…などのように、直線でかこまれた図形**のことです。

▶ 多角形の例

三角形

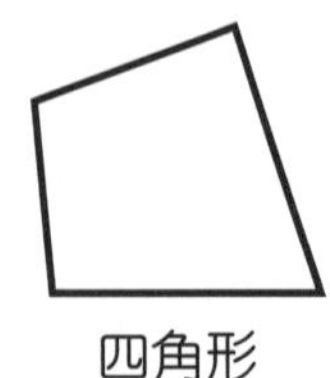
四角形

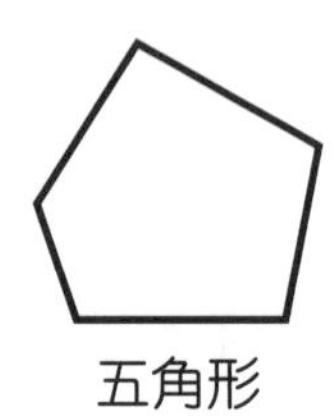
五角形

六角形

正多角形とは、**辺の長さがすべて等しく、角の大きさもすべて等しい多角形**のことです。

▶ 正多角形の例

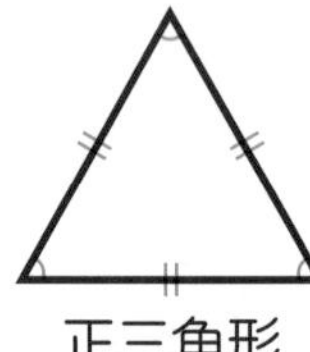
正三角形

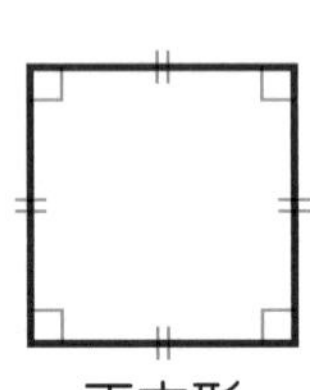
正方形

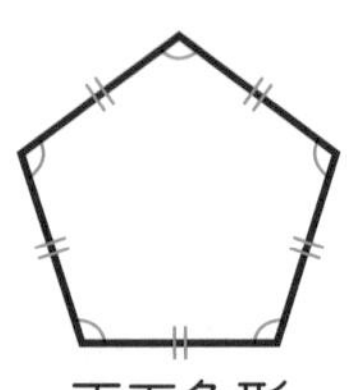
正五角形

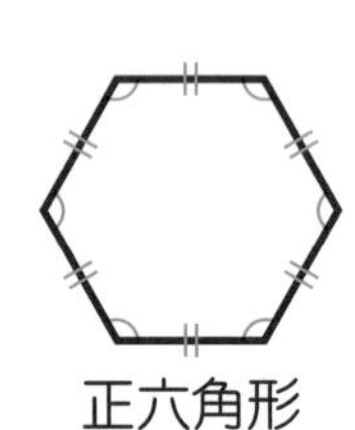
正六角形

□角形の内角の和は、**180×（□－2）**で求めることができます。
例えば、**五角形の内角の和**なら、**180×（5－2）＝540度**と求めることができます。

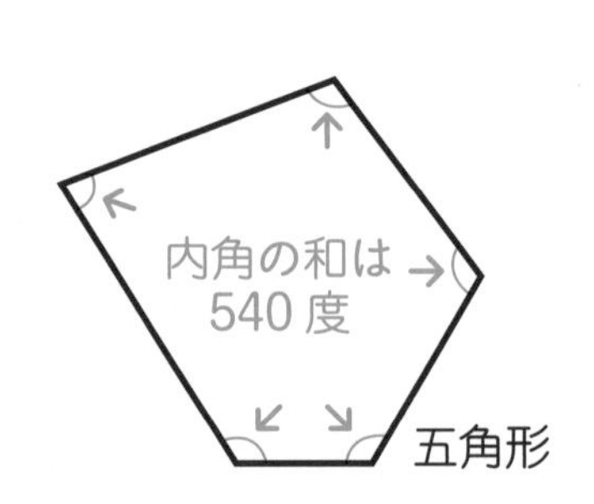

教えるときのポイント！

180 ×（□－2）で内角の和が求められる理由

多角形に、1つの頂点から対角線を引くと、次のようにいくつかの三角形に分けることができます。

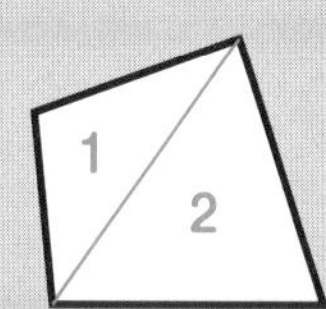

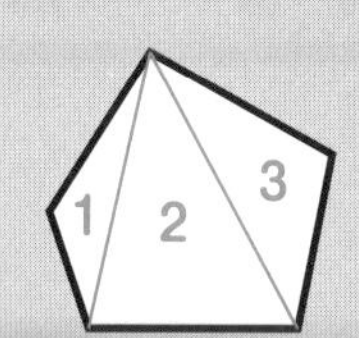

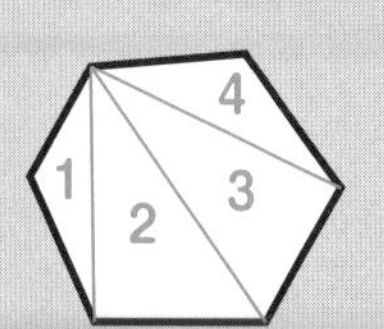

四角形 ↓ 2を引く 2この三角形

五角形 ↓ 2を引く 3この三角形

六角形 ↓ 2を引く 4この三角形

・・・ □角形 ↓ 2を引く (□－2)この三角形

四角形なら2この三角形に分けられ、五角形なら3この三角形に分けられ、六角形なら4この三角形に分けられます。
このように、どの多角形も、辺の数から2引いた数の三角形に分けられます。つまり、□角形なら、(□－2) この三角形に分けられるということです。
そして、三角形の内角の和は180度なので、□角形の内角の和は、180 ×（□－2）で求められるのです。公式を丸暗記するのではなく、公式が成り立つ理由も合わせて教えると、お子さんの応用力を伸ばすことができます。

PART 5 平面図形

練習問題

次の問いに答えましょう。

（1）八角形の内角の和を求めましょう。

（2）正八角形の1つの内角の大きさを求めましょう。

解答

（1）□角形の内角の和は、180×(□－2)で求められるので、
八角形の内角の和は、180×(8－2)＝1080度

（2）（1）より、正八角形の内角の和は1080度です。正八角形の8つの内角の大きさはすべて等しいので、正八角形の1つの内角の大きさは、1080÷8＝135度

6 円周の長さと円の面積

ここが大切！

円の2つの公式を覚えよう

円周の長さ＝直径×円周率

円の面積＝半径×半径×円周率

ある点から同じ長さになるように
かいた丸い形を、円といいます。

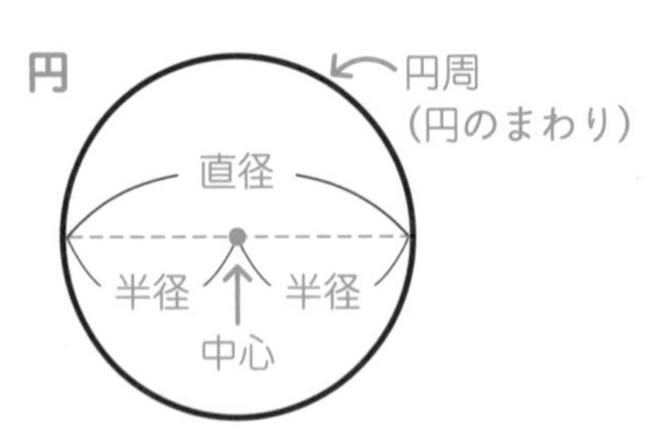

円についての次の用語と意味をおさえましょう。

中心…円の真ん中の点

円周…円のまわり

半径…中心から円周まで引いた直線

直径…中心を通り、円周から円周まで引いた直線。**直径は半径の2倍の長さ**

円周率…円周の長さを直径の長さで割った数。円周率は3.141592…と無限に続く小数ですが、小学算数では、ふつう**3.14**を使います

例題 次の円について、次の問いに答えましょう。ただし、円周率は3.14とします。

（1）円周の長さは何 cm ですか。

（2）この円の面積は何 cm^2ですか。

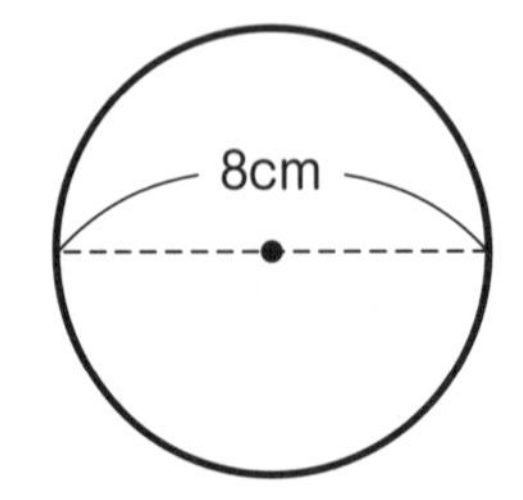

解答

（1）「**円周の長さ＝直径×円周率**」なので、円周の長さ＝8×3.14＝**25.12cm**

（2）この円の半径は、8÷2＝4cm です。
「**円の面積＝半径×半径×円周率**」なので、円の面積＝4×4×3.14＝**50.24cm²**

練習問題

次の円について、次の問いに答えましょう。ただし、円周率は3.14とします。

（1）円周の長さは何 cm ですか。

（2）この円の面積は何 cm^2ですか。

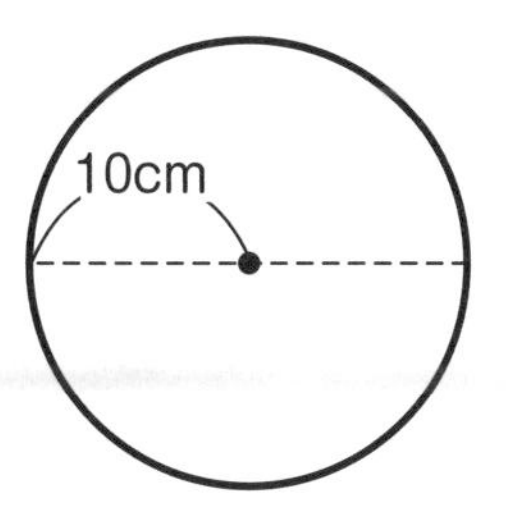

解答

（1） この円の直径は10×2＝20cmです。

「**円周の長さ＝直径×円周率**」なので、

円周の長さ＝20×3.14＝62.8cm

（2）「**円の面積＝半径×半径×円周率**」なので、

円の面積＝10×10×3.14＝314cm^2

円周の長さを求める公式

合言葉は、「円周の長さは2通りある」！

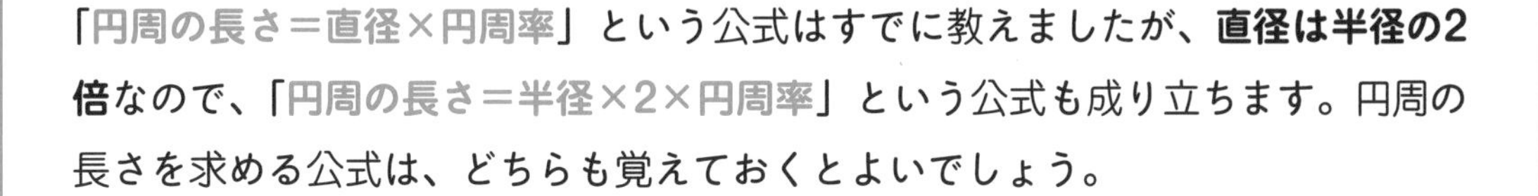
「**円周の長さ＝直径×円周率**」という公式はすでに教えましたが、**直径は半径の2倍**なので、「**円周の長さ＝半径×2×円周率**」という公式も成り立ちます。円周の長さを求める公式は、どちらも覚えておくとよいでしょう。

教えるときのポイント！

1つの式で円周の長さを求めよう

練習問題（1）は、10 × 2 ＝ 20、20 × 3.14 ＝ 62.8（cm）と 2 つの式によって解きました。しかし、「**円周の長さ＝半径× 2 ×円周率**」の公式を覚えていれば、10 × 2 × 3.14 ＝ 62.8（cm）というように、1 つの式によって答えを求めることができるようになります。

・2つの半径で円を切り取った形である「おうぎ形」や、「おうぎ形の弧（こ）と長さと面積」について学びたい方は、特典 PDF をダウンロードしてください（5ページ参照）。

PART 5 平面図形

7 線対称とは

ここが大切！

折ってぴったり重なったら線対称！

右の五角形は、直線アイを折り目にして折り曲げると、両側の部分がぴったり重なります。このような図形を、線対称な形といいます。そして、折り目の直線アイのことを、対称の軸といいます。

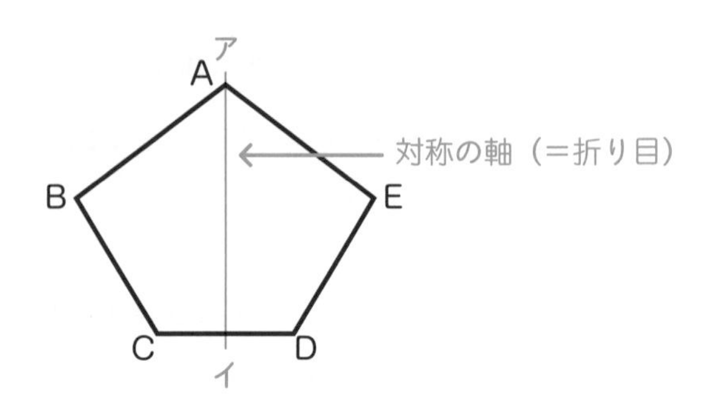

対応する点

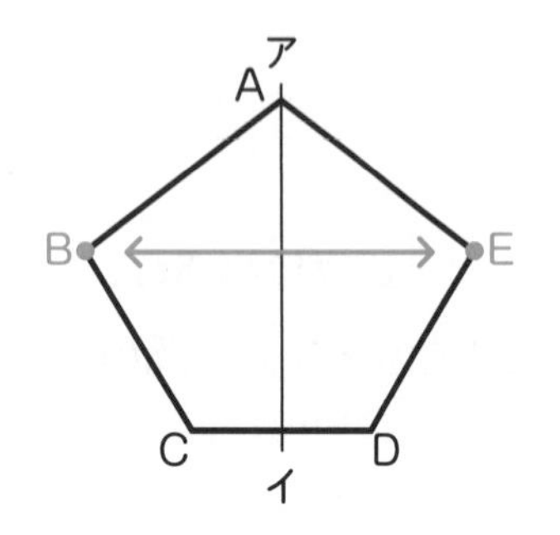

この五角形を、対称の軸アイを折り目にして折り曲げると、点Bと点Eは重なります。このように**重なる点**のことを、対応する点といいます。

対応する辺

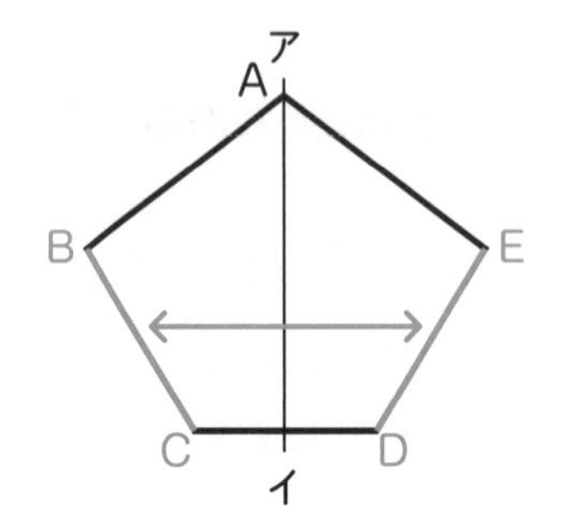

また、辺BCと辺EDが重なります。このように**重なる辺**のことを、対応する辺といいます。

対応する角

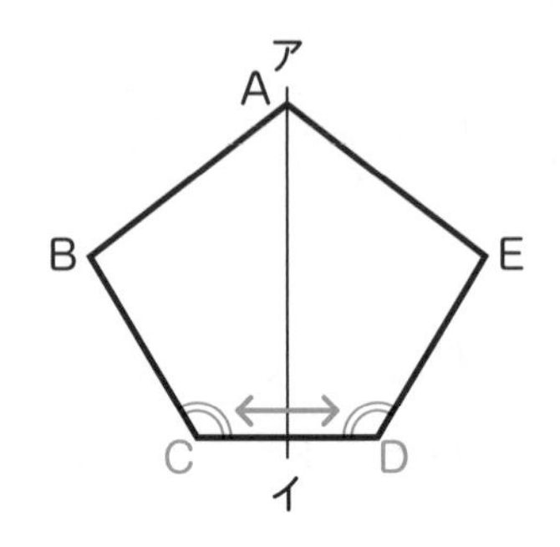

さらに、角Cと角Dが重なります。このように**重なる角**のことを、対応する角といいます。

線対称な形では、対応する辺の長さは等しくなり、対応する角の大きさも等しくなります。

教えるときのポイント！

「対応する辺」を答える問題に注意！

左ページの五角形を例にすると、「辺 BC に対応する辺はどれですか」という問題が出されることがあります。
このとき、「辺 ED」と答えれば正解ですが、「辺 DE」と答えると△か×になってしまうことがあります。なぜなら、対称の軸アイを折り目にして折り曲げると、**点 B と重なるのは点 E で、点 C と重なるのは点 D** だからです。
だから、「辺 BC に対応する辺はどれか」と聞かれたときに、対応する順に「**辺 ED**」と答える必要があるのです。
テストで確実に正解できるようにしましょう。

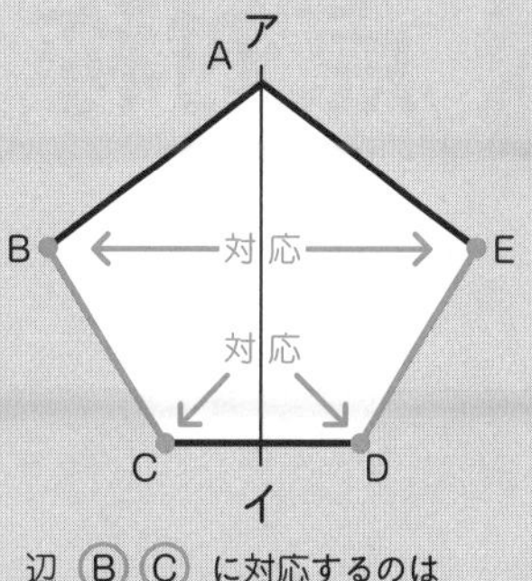

辺 Ⓑ Ⓒ に対応するのは
↓ ↓
辺 Ⓔ Ⓓ
対応する順に答える

練習問題

右の正六角形について、次の問いに答えましょう。

（1）正六角形には、対称の軸は何本ありますか。

（2）直線 AD を対称の軸としたとき、点 C に対応する点はどれですか。

（3）直線 AD を対称の軸としたとき、辺 BC に対応する辺はどれですか。

（4）直線 AD を対称の軸としたとき、角 F に対応する角はどれですか。

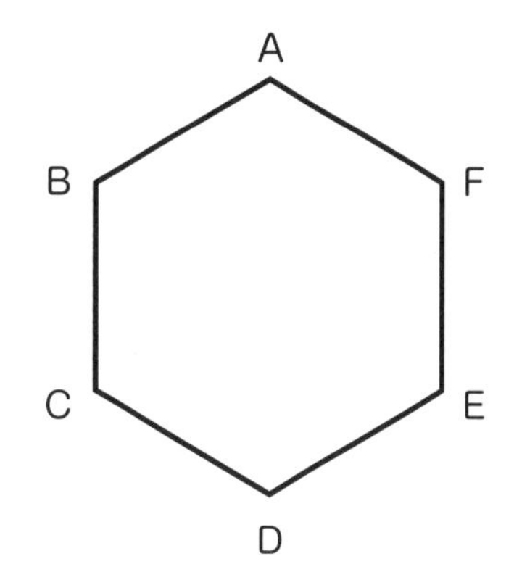

解答

（1）正六角形には、右のように６本の対称の軸があります。このように、対称の軸は１本とは限らないので注意しましょう。

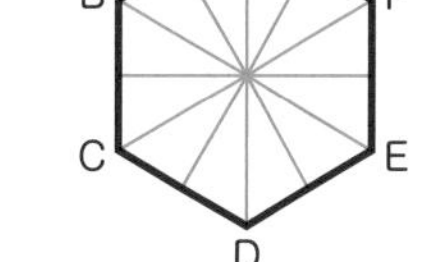

答え　6本

（2）直線ADを折り目にしたとき、点Cに重なるのは、点E

（3）直線ADを折り目にしたとき、辺BCに重なるのは、辺FE

（4）直線ADを折り目にしたとき、角Fに重なるのは、角B

8 点対称とは

ここが大切！

180度くるっと回転させて、ぴったり重なったら点対称！

右の平行四辺形は、点Oを中心にして180度回転させると、もとの形にぴったり重なります。
このような図形を点対称な形といいます。
そして、点Oのことを、対称の中心といいます。

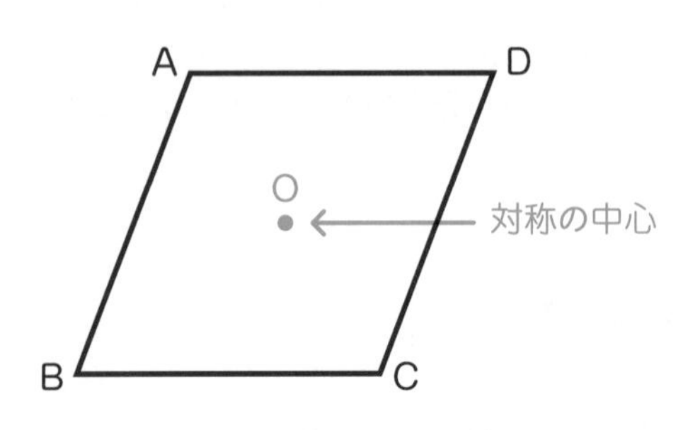

対応する点

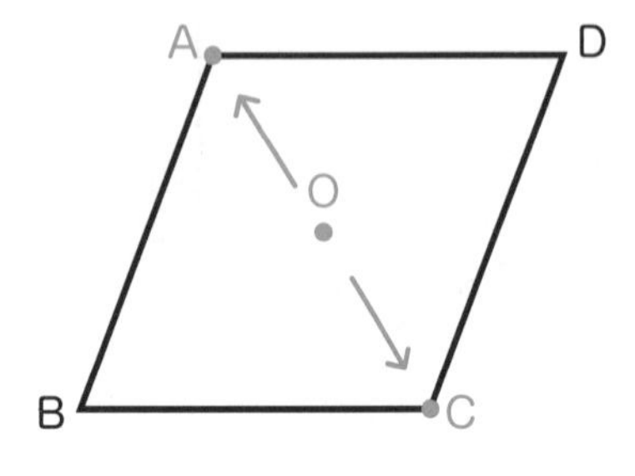

この平行四辺形を、点Oを中心にして180度回転させると、点Aと点Cは重なります。このように**重なる点**のことを、対応する点といいます。

対応する辺

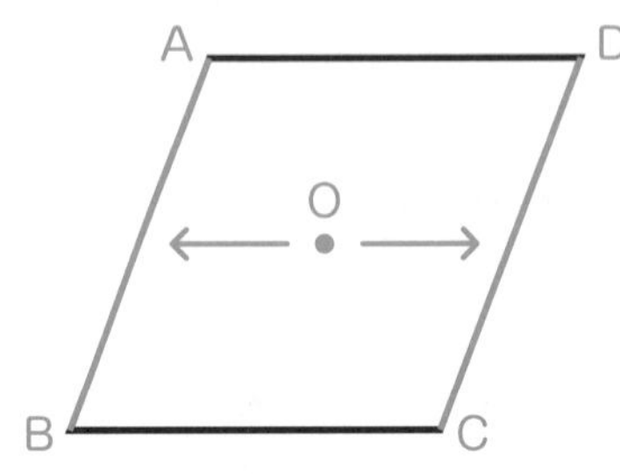

また、辺ABと辺CDが重なります。このように**重なる辺**のことを、対応する辺といいます。

対応する角

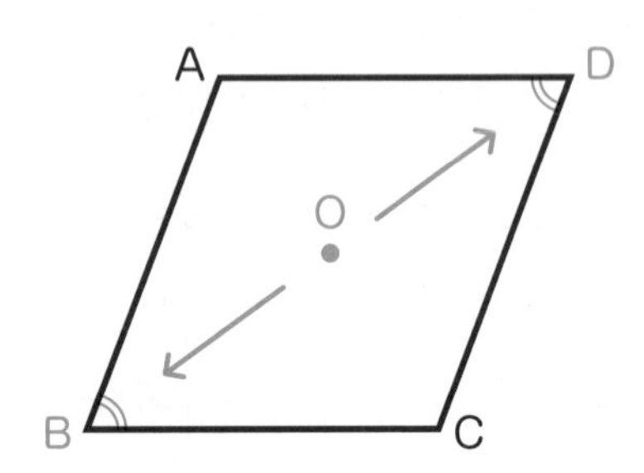

さらに、角Bと角Dが重なります。このように**重なる角**のことを、対応する角といいます。

点対称な形では、対応する辺の長さは等しくなり、対応する角の大きさも等しくなります。

教えるときのポイント！

点対称かどうか、かんたんに調べる方法

ある図形が点対称な形かどうかを調べるかんたんな方法があります。**図形が書かれている紙（もしくは本）を上下さかさまにして、同じ形なら点対称な形**です。

先ほどの平行四辺形 ABCD で試すと、次のように**上下さかさまにしても同じ形になります。**ですから、これは点対称な形だといえるのです。

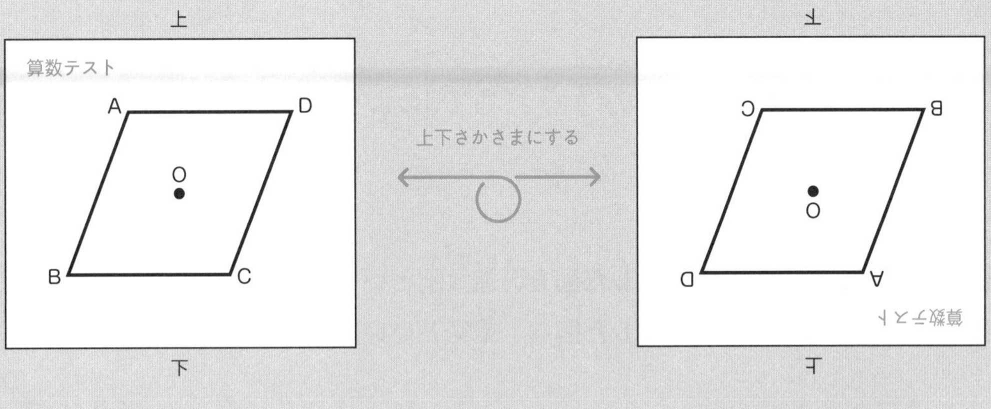

上下さかさまにしても
もとの形と同じだから点対称な形

※厳密には、「対称の中心」を中心にして回転させる必要があるのですが、
あくまで「ざっくりと」調べる方法だとご理解ください。

練習問題

右の図形は点対称な形で、点 O は対称の中心です。この図形について、次の問いに答えましょう。

（1）点 C に対応する点はどれですか。

（2）辺 AB に対応する辺はどれですか。

（3）角 H に対応する角はどれですか。

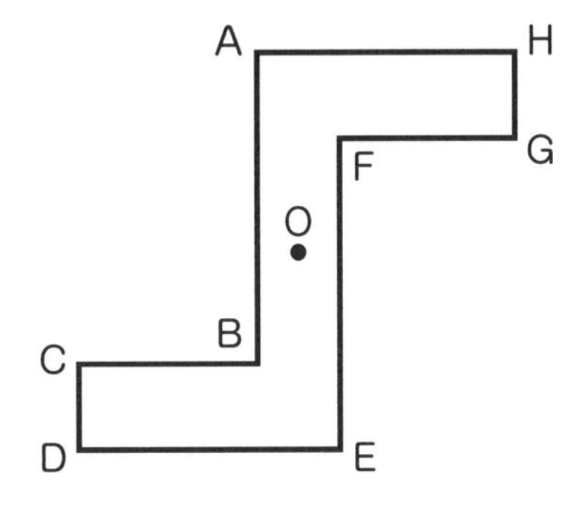

解答

（1）点Oを中心にして180度回転させると、点Cに重なるのは、点G

（2）点Oを中心にして180度回転させると、辺ABに重なるのは、辺EF

（3）点Oを中心にして180度回転させると、角Hに重なるのは、角D

9 拡大図と縮図

ここが大切！

拡大図と縮図は、「コインのうらおもて」のような関係！

ある図形を、同じ形のまま大きくした図を、拡大図といいます。
ある図形を、同じ形のまま小さくした図を、縮図といいます。

右の三角形 ABC のすべての辺の長さを
２倍にすると、三角形 DEF ができます。

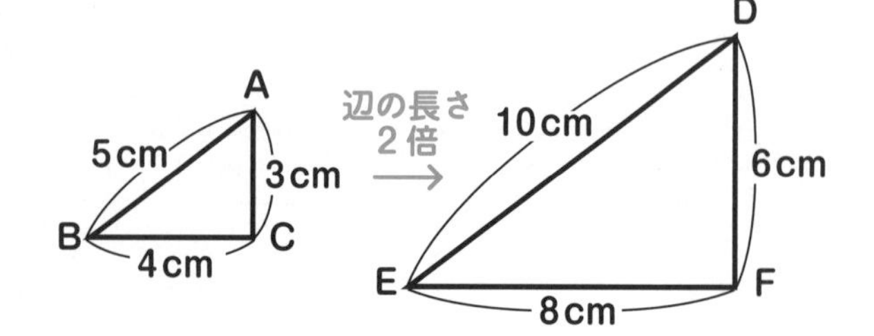

このとき、三角形 DEF を、三角形 ABC の「**２倍の拡大図**」といいます（辺の長さを３倍にした拡大図なら、3倍の拡大図です）。

一方、三角形 ABC を、三角形 DEF の「**$\frac{1}{2}$の縮図**」といいます。

例えば、三角形 ABC の角 B は、三角形 DEF の角 E にあたります。このとき、「角 B に**対応する角**は角 E」といいます。**拡大図と縮図では、対応する角の大きさはすべて等しく**なります。

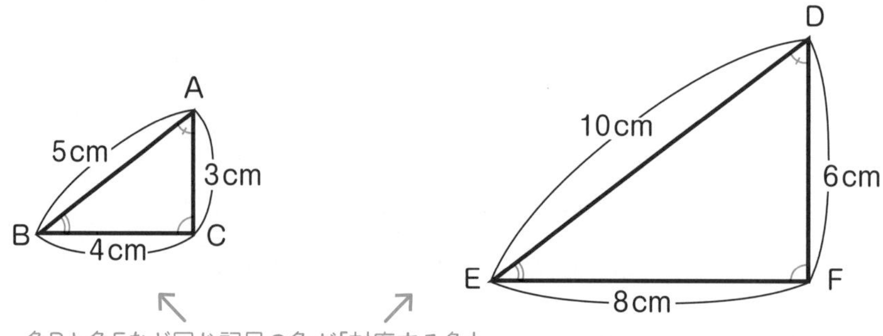

角Bと角Eなど同じ記号の角が「対応する角」

教えるときのポイント！

拡大図と縮図の関係

拡大図と縮図は、「コインのうらおもて」のような関係です。先ほどの三角形ABCと三角形DEFの関係は、右のようになります。

拡大図と縮図をバラバラなものとして教えるのではなく、1セットの関係であることを強調して教えましょう。

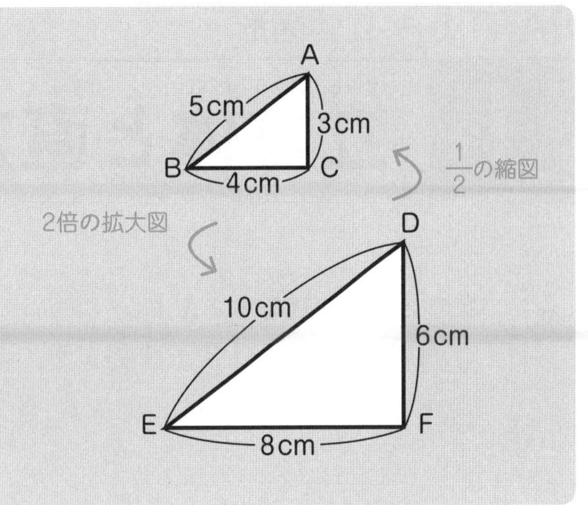

練習問題

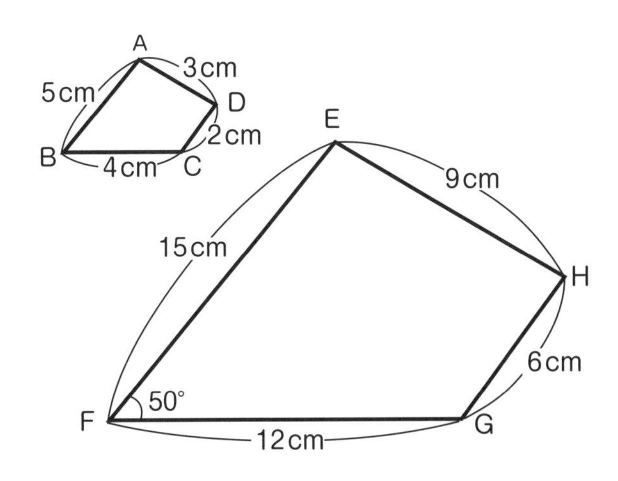

四角形ABCDを拡大した図が四角形EFGHです。次の問いに答えましょう。

（1）四角形EFGHは、四角形ABCDの何倍の拡大図ですか。

（2）四角形ABCDは、四角形EFGHの何分の1の縮図ですか。

（3）角Bは何度ですか。

解答

（1）四角形ABCDのすべての辺の長さを3倍した図形が、四角形EFGHです。

答え　**3倍の拡大図**

（2）四角形EFGHのすべての辺の長さを$\frac{1}{3}$倍した図形が、四角形ABCDです。

答え　**$\frac{1}{3}$の縮図**

（3）50度の角Fと、角Bは対応する角です。対応する角の大きさは等しいので、角Bも50度です。

答え　**50度**

1 立方体と直方体の体積

ここが大切！

次の2つの公式をおさえよう

立方体の体積＝1辺×1辺×1辺

直方体の体積＝たて×横×高さ

正方形だけで囲まれた立体を、立方体(りっぽうたい)といいます。長方形だけ、もしくは長方形と正方形で囲まれた立体を、直方体(ちょくほうたい)といいます。

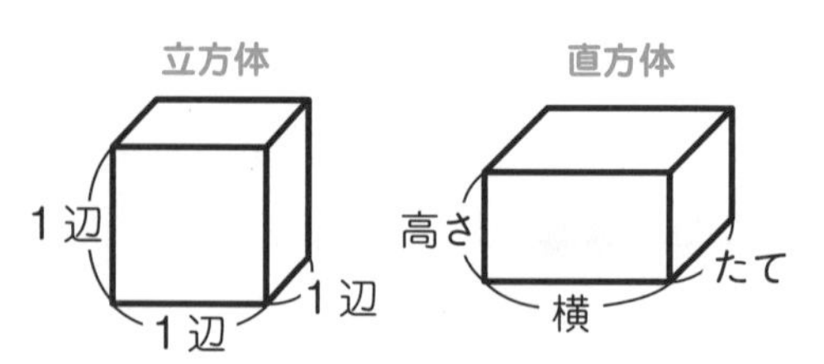

立体の大きさを体積といいます。

小学算数によく出てくる**体積の単位**は、cm^3（読みかたは立方(りっぽう)センチメートル）です。**1辺が1cmの立方体の体積**が、$1cm^3$です。

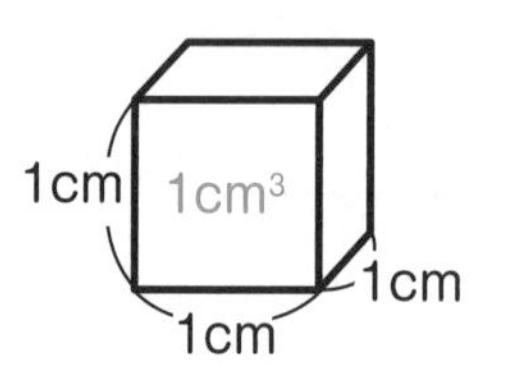

例題 右の立体の体積をそれぞれ求めましょう。

（1）

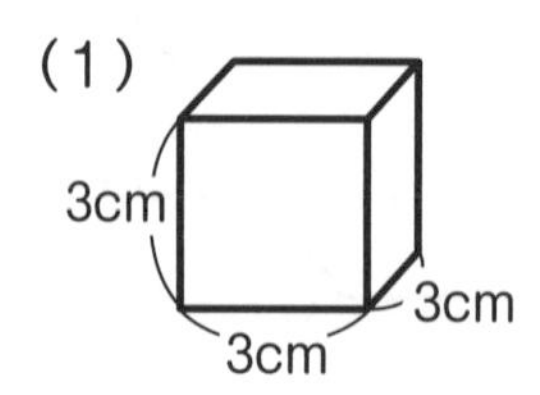

（2）

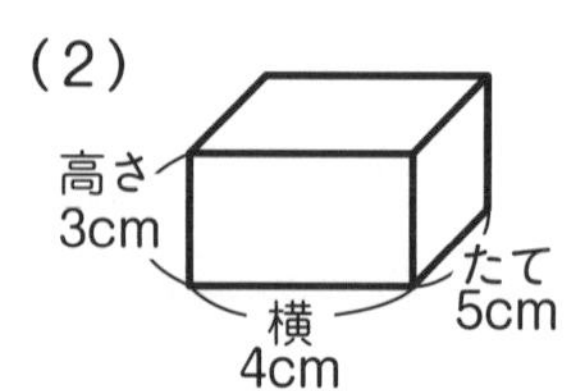

解答

（1）「立方体の体積＝1辺×1辺×1辺」なので、 3×3×3＝**27cm³**

（2）「直方体の体積＝たて×横×高さ」なので、 5×4×3＝**60cm³**

練習問題 1

右の立体の体積をそれぞれ求めましょう。

（1）

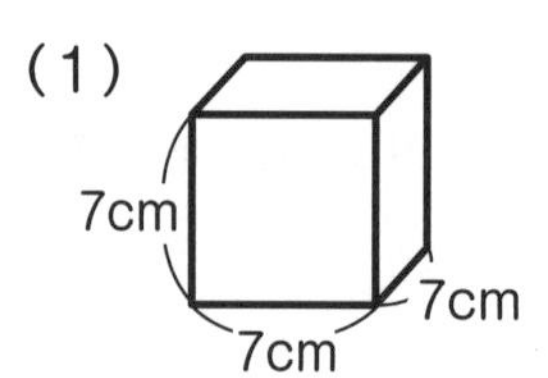

（2）

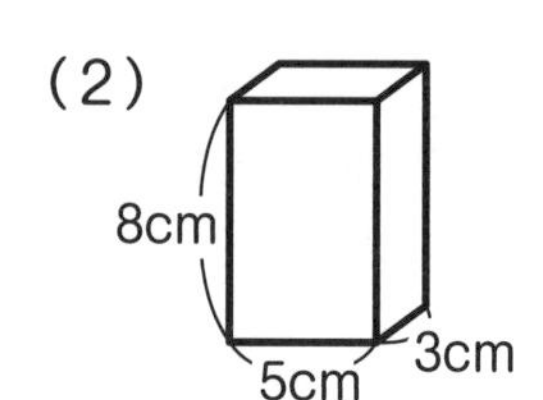

解答

（1）「立方体の体積＝1辺×1辺×1辺」なので、
7×7×7＝343cm³

（2）「直方体の体積＝たて×横×高さ」なので、
3×5×8＝120cm³

練習問題 2

右の立体は、直方体と立方体を組み合わせた形です。この立体の体積を求めましょう。

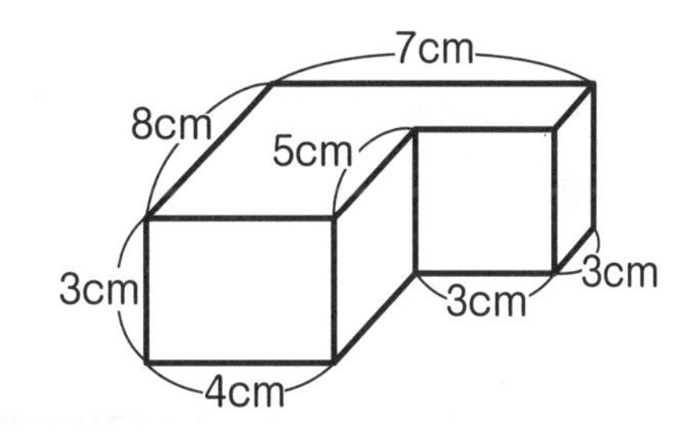

解答

解きかた1 直方体と立方体に分けて、その体積の和を求める

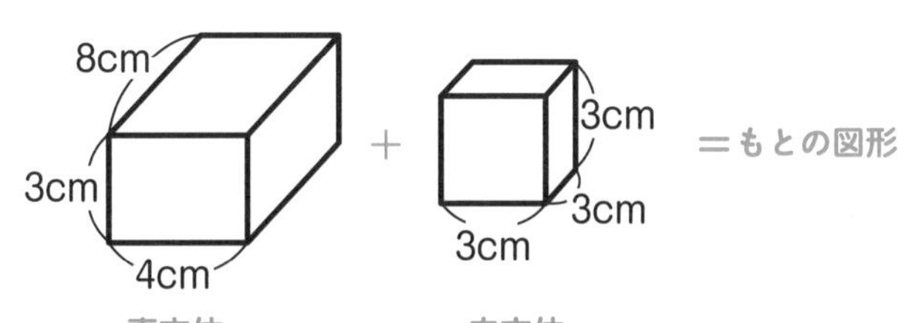

直方体
$8\times4\times3=96cm^3$

立方体
$3\times3\times3=27cm^3$

$96 + 27 = 123cm^3$　答え $123cm^3$

解きかた2 大きな直方体から、小さな直方体を切り取った形と考える

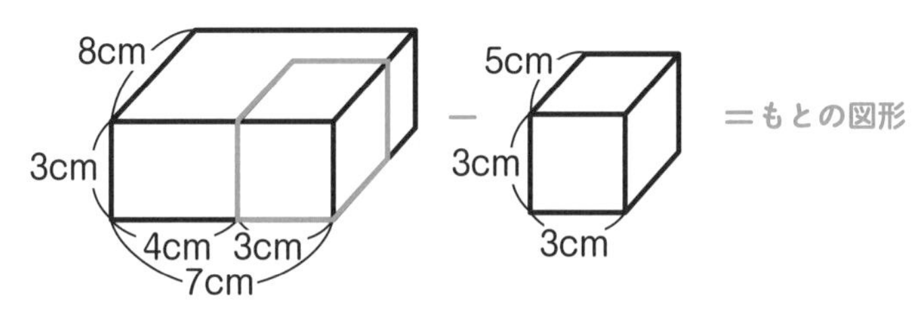

大きな直方体
$8\times7\times3=168cm^3$

小さな直方体
$5\times3\times3=45cm^3$

$168 - 45 = 123cm^3$　答え $123cm^3$

教えるときのポイント！

立体をさまざまな視点で見よう

練習問題2 では、解きかた1 と 解きかた2 のどちらでも解けるように教えましょう。1つの立体をさまざまな視点で見られるようになることが大切です。

解答には載せませんでしたが、右のように2つの直方体に分けて求める方法もあります。

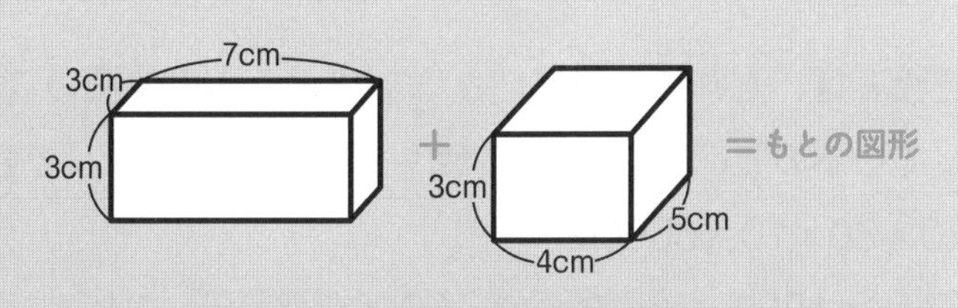

直方体
$3\times7\times3=63cm^3$

直方体
$5\times4\times3=60cm^3$

$63 + 60 = 123cm^3$

2 容積とは

ここが大切！

容積と体積の違いをおさえよう！

入れ物の中にいっぱいに入る水の体積を、容積といいます。
容積の単位として、よく使われるのがL（読みかたはリットル）です。
1L＝1000cm^{3}です。
また、**入れ物の内側の長さ**を、内のりといいます。

例題

次の入れ物の容積は何cm^{3}ですか。また、何Lですか。ただし、入れ物の厚みは考えないものとします。

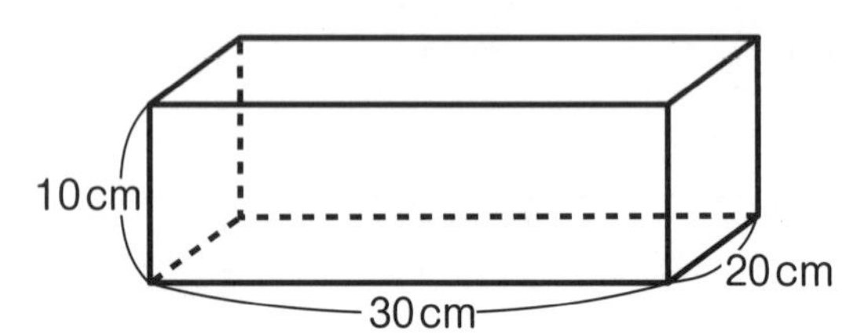

解答

容積とは、入れ物の中にいっぱいに入る水の体積のことです。この入れ物は直方体の形をしているので、「直方体の体積＝たて×横×高さ」で容積を求めます。
20×30×10＝6000cm^3
「1L＝1000cm^3」なので、6000cm^3＝6Lです。

答え　**6000cm^3、6L**

練習問題

右の入れ物について、次の問いに答えましょう。

（1）この入れ物の容積は何 cm^3 ですか。

（2）この入れ物の体積は何 cm^3 ですか。

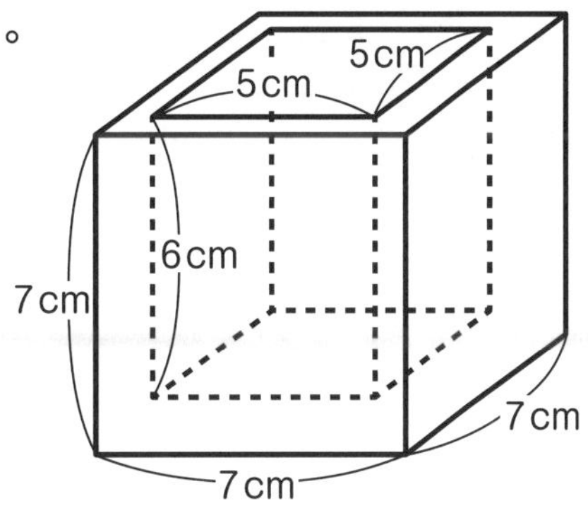

解答

（1）容積とは、入れ物の中にいっぱいに入る水の体積のことです。この入れ物の内のり（入れ物の内側の長さ）は、たて5cm、横5cm、高さ（深さ）6cmです。「直方体の体積＝たて×横×高さ」で容積を求めます。

5×5×6＝150

答え　**$150cm^3$**

（2）この入れ物の外側は、1辺7cmの立方体の形をしています。だから、この入れ物の体積は、1辺7cmの立方体の体積から容積を引けば求められます。

7×7×7－150＝193

答え　**$193cm^3$**

※下の 教えるときのポイント！ も参照してください。

教えるときのポイント！

容積と体積の違いは何？

お子さんに「容積と体積の違いって？」と聞かれたら、正確に答えることはできますか。容積の意味は、「入れ物の中にいっぱいに入る水の体積」です。意味だけで考えると、「容積も体積のひとつ」なので、何だか混乱しそうですね。

容積と体積の違いは、上の 練習問題 を解説しながら説明してあげてください。

練習問題 （1）からわかるように、「入れ物の容積」とは、「入れ物に入る水の体積」なので、たて5cm、横5cm、高さ6cmの直方体の体積になります。

一方、練習問題 （2）からわかるように、「入れ物の体積」とは、「入れ物自体の大きさ」なので、1辺7cmの立方体の体積から容積を引けば求められます。

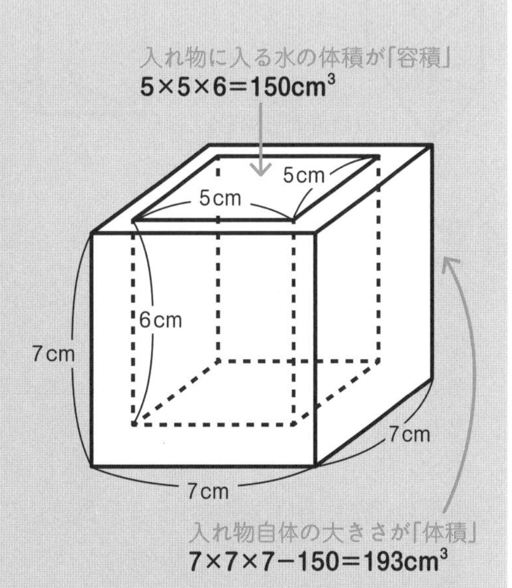

3 角柱の体積

ここが大切！

角柱の体積は底面積×高さで求めよう

1 角柱とは

右のような立体を**角柱**といいます。※直方体や立方体も、角柱のひとつです。

底面…上下に向かい合った２つの面
底面積…１つの底面の面積
側面…まわりの長方形（または正方形）

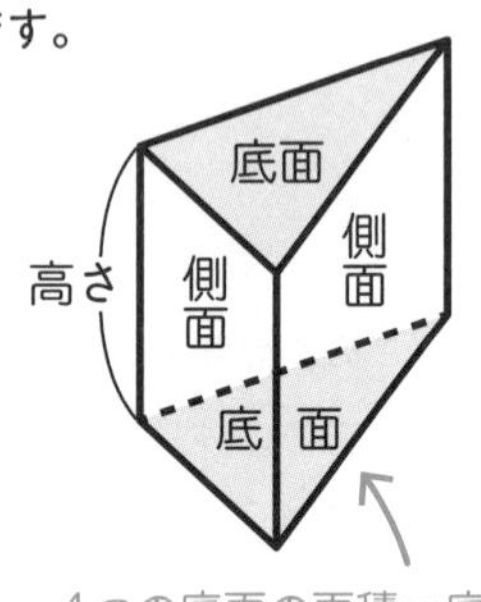

1つの底面の面積＝底面積

角柱の**底面が三角形**なら、その角柱を**三角柱**といいます。
角柱の**底面が四角形**なら、その角柱を**四角柱**といいます。
このように、角柱は底面の形によって呼びかたがかわります。

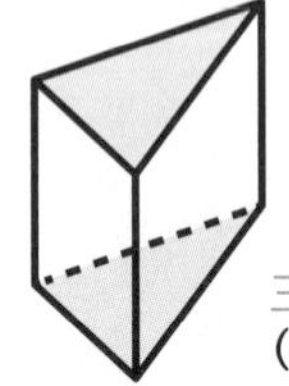
三角柱
（底面が三角形）

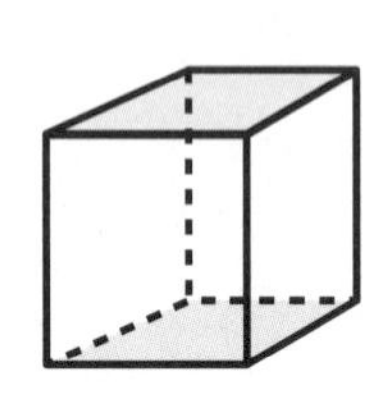
四角柱
（底面が四角形）

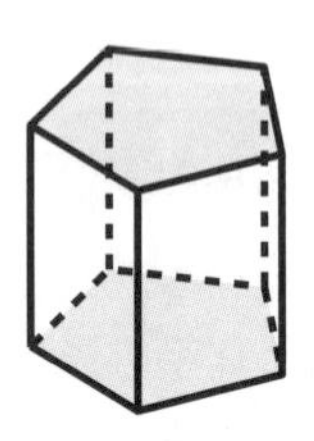
五角柱
（底面が五角形）

……

教えるときのポイント！

角柱の底面は２つある！

「**角柱に底面はいくつある？**」という質問をすると、「ひとつ！」という答えが返ってくることがあります。しかし、**正しい答えは「２つ」**です。
底面の「底」という字は「そこ」と読むので、「底面＝そこの面」と勘違いしているお子さんがいるようです。角柱では、**下の面だけでなく、上の面も底面**であることに注意しましょう。

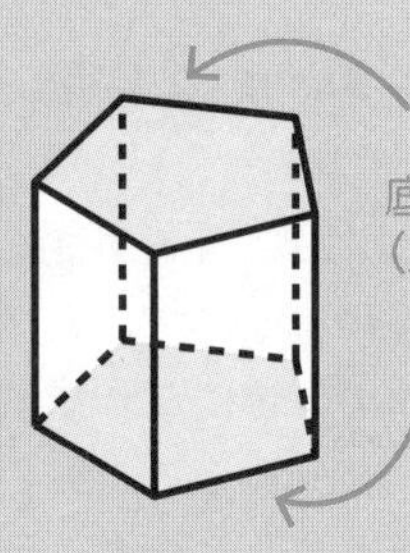
底面は2つある
（上の面も底面）

※底面には、「底の面」という意味もありますが、算数用語の「底面」の意味は左の通りなので、区別しましょう。
※次の項目で解説する「円柱」にも、底面は２つあります。

2 角柱の体積の求めかた

角柱の体積は「底面積×高さ」で求められます。

例題 右の立体の体積を求めましょう。

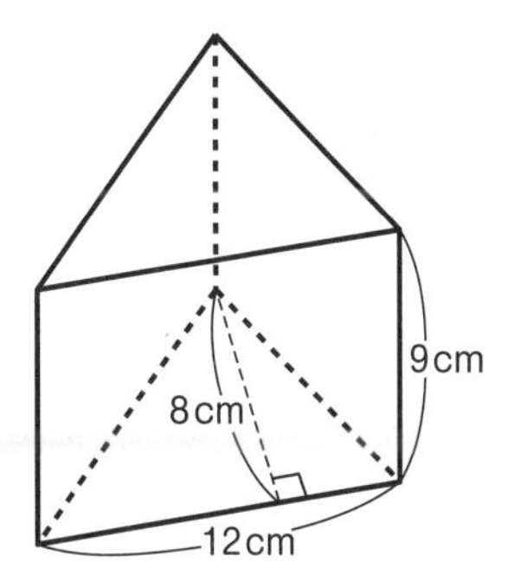

解答

この角柱の底面は三角形で、

底面積は12×8÷2＝48cm^{2}です。

「角柱の体積＝底面積×高さ」なので、

48×9＝**432cm^3**

練習問題

次の立体の体積を求めましょう。

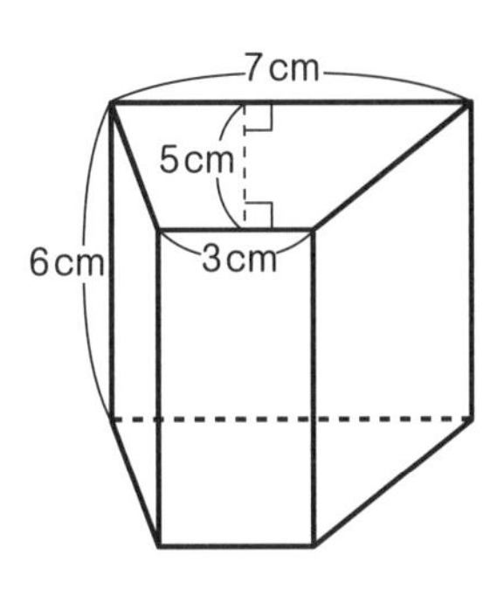

解答

この角柱の底面は台形で、底面積は(7＋3)×5÷2＝25cm^{2}です。

「角柱の体積＝底面積×高さ」なので、25×6＝150cm^3

大人も楽しい算数コラム

「頂点の数＋面の数－辺の数」は必ず2になる

角柱のように、平面で囲まれている立体「多面体」について、オイラーという数学者がおもしろい法則を見つけました。

「頂点の数＋面の数－辺の数」を計算すると、必ず2になるという法則です。

例えば、三角柱は、頂点の数が6つ、面の数が5面、辺の数が9本ですね。これを先ほどの式にあてはめてみると、6＋5－9＝2となります。

同じように四角柱で試してみると、8＋6－12＝2と、やっぱり2になります。算数の魅力を感じられる公式ですね。

4 円柱(えんちゅう)の体積

ここが大切！

円柱の体積も底面積×高さで求めよう

1 円柱(えんちゅう)とは

右のような立体を円柱といいます。

底面…上下に向かい合った2つの円

底面積…1つの底面の面積

側面…まわりの曲面

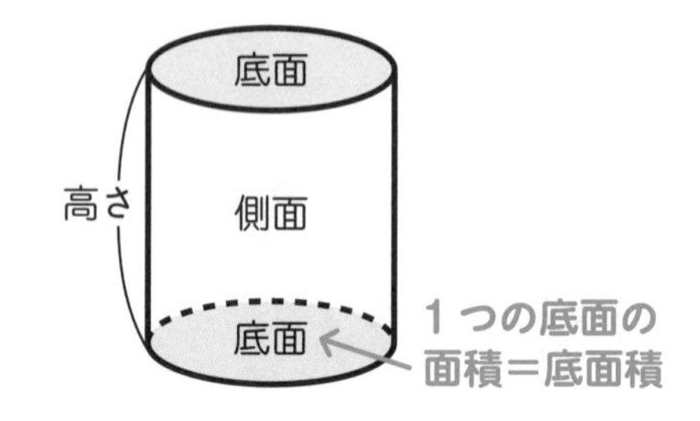

2 円柱の体積の求めかた

円柱の体積も、角柱の体積と同じように、「底面積×高さ」で求められます。

例題 次の立体の体積を求めましょう。
ただし、円周率は3.14とします。

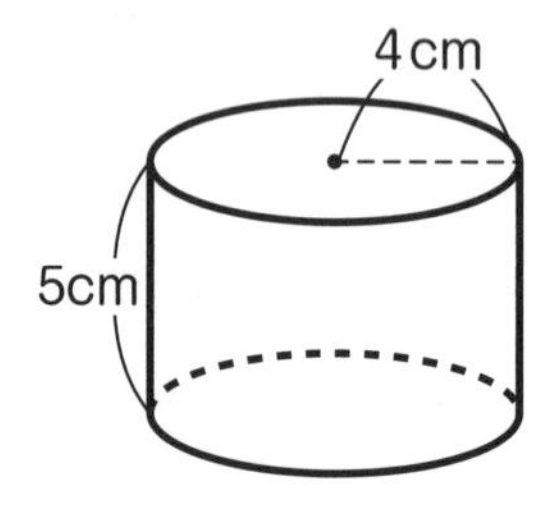

解答

底面は、半径4cmの円なので、底面積は「4×4×3.14」で求められます。
「円柱の体積＝底面積×高さ」なので、

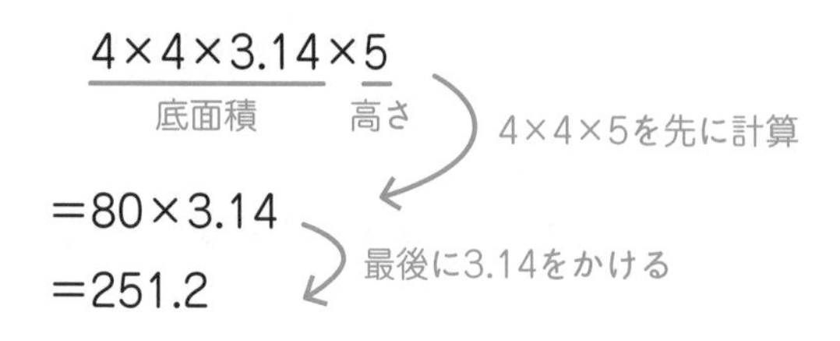

答え　251.2cm³

※教えるときのポイント！を参照してください

教えるときのポイント！

3.14のかけ算は後回しに！

例題では、「4 × 4 × 3.14 × 5」という計算が必要でした。この計算を左から順に解くと、16 × 3.14を計算して50.24。その50.24に5をかけて251.2と求められますが、けっこう面倒ですね。ここで、計算の工夫をしてみましょう。

かけ算だけでできている式では「どこから先に計算してもよい」というきまりがあります。だから、4 × 4 × 5を先に計算して80として、その80に3.14をかければ、251.2とかんたんに求められます。

「3.14の計算を後回しにすると楽」と覚えておきましょう。

角柱と円柱の体積の求めかた

合言葉は「体積＝底面積×高さ」！

角柱も円柱も、体積は「底面積×高さ」で求められます。

「角柱の体積＝底面積×高さ」「円柱の体積＝底面積×高さ」と別々に覚えるのではなく、「〜柱の体積＝底面積×高さ」とセットで覚えておきましょう。

練習問題

次の立体の体積をそれぞれ求めましょう。ただし、円周率は3.14とします。

（1）円柱

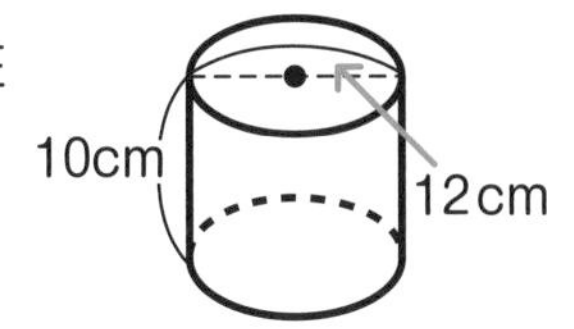

（2）円柱を半分に切った形

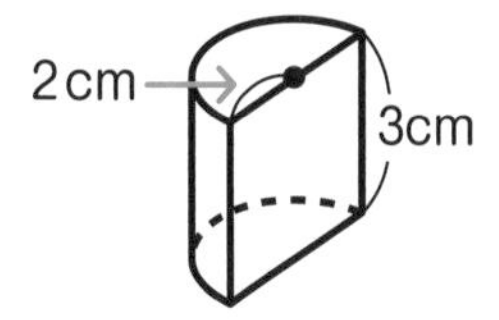

解答

（1）底面の半径は、12÷2＝6cmです。
底面は、半径6cmの円なので、底面積は「6×6×3.14」で求められます。
「円柱の体積＝底面積×高さ」なので、右の式のように求めます。

6×6×3.14×10（底面積：6×6×3.14、高さ：10）　6×6×10を先に計算
＝360×3.14
＝1130.4　最後に3.14をかける

答え **1130.4cm³**

（2）半円を底面と考えて、「底面積（半円の面積）×高さ」で解きます。底面の半円の面積は「2×2×3.14÷2」で求められます。
「〜柱の体積＝底面積×高さ」なので、右の式のように求めます。

2×2×3.14÷2×3（底面積（半円の面積）：2×2×3.14÷2、高さ：3）　2×2÷2×3を先に計算
＝6×3.14
＝18.84　最後に3.14をかける

答え **18.84cm³**

1 平均とは

ここが大切！

平均、個数、合計の3つの関係をおさえよう！

平均とは、**いくつかの数や量を、等しい大きさになるようにならしたものです。**

平均、個数、合計は、右の面積図（数量の関係を表した長方形の図）で表すことができます。

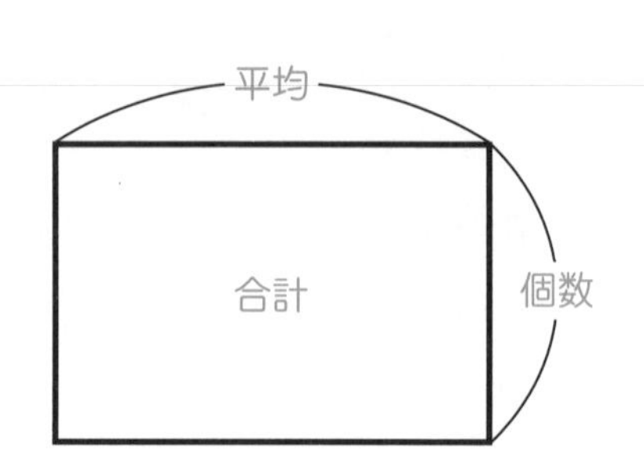

面積図から、次の3つの式をみちびくことができます。

平均の3公式

平均＝合計÷個数
個数＝合計÷平均
合計＝平均×個数

例題 次のりんごの重さの平均を求めましょう。

255g　248g　261g　253g　243g

解答

「平均＝合計÷個数」なので、まず合計を求めます。
りんご5この合計は
255＋248＋261＋253＋243＝1260(g)
です。**合計の1260を個数の5（こ）で割れば、平均が求められるので、**
1260÷5＝252(g)

答え　**252g**

教えるときのポイント！

面積図を使って平均の問題を解く

平均、個数、合計の３つの関係をおさえることが大事です。公式が身についていないうちは、面積図を使って解く方法があります。例題で、りんごの個数は５こ、合計の重さは1260gでした。これを面積図に書き入れると、右のようになります。

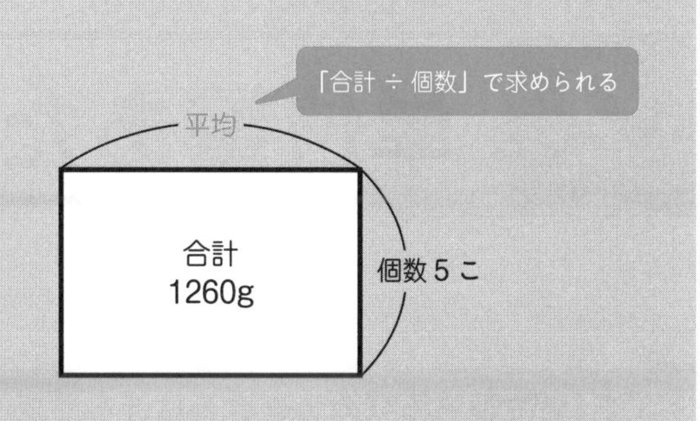

ここでは、平均（長方形の横）を知りたいので、合計（長方形の面積）を個数（長方形のたて）で割ればいいことがわかります。これにより、1260 ÷ 5 = 252g と求めることができるのです。これ以降の問題も、公式がわからなくなったら、面積図を使って解いてみましょう。

練習問題

次の問いに答えましょう。

（１）あるクラスで理科のテストがあり、平均点は82点でした。そして、このクラス全員のテストの合計点は、3198点でした。このクラスの人数は何人ですか。

（２）47このみかんがあり、１こあたりの平均の重さは77gでした。47このみかんの重さは合計何ｇですか。

解答

（１）「個数（人数）＝合計÷平均」なので、合計点（3198点）を平均点（82点）で割りましょう。

3198÷82＝39（人）

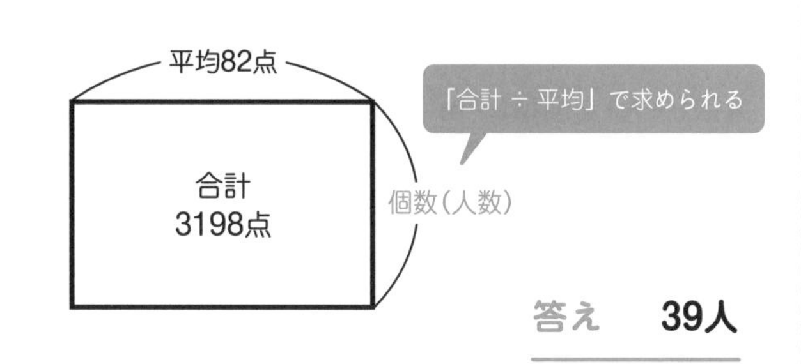

答え　**39人**

（２）「合計＝平均×個数」なので、１こあたりの平均の重さ（77g）と個数（47こ）をかけましょう。

77×47＝3619（g）

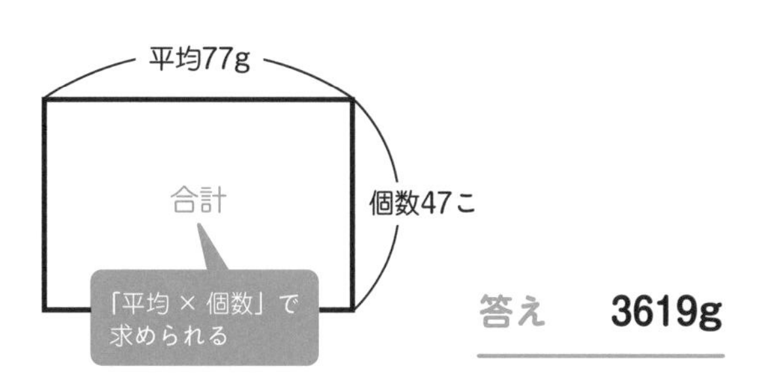

答え　**3619g**

PART 7 単位量あたりの大きさ

2 単位量あたりの大きさ

ここが大切！

単位量あたりの大きさとは、「1つあたりの大きさ」のこと！

「$1m^2$あたり2人」「1Lあたり15km」「1mあたり30g」などのように、**1つあたりの大きさで表した量**を、単位量(たんいりょう)あたりの大きさといいます。

練習問題1

右の表は、東公園と西公園の面積と、そこで遊んでいる子どもの人数を表しています。東公園と西公園では、どちらがこんでいますか。

	面積（m^2）	人数（人）
東公園	150	30
西公園	240	60

解答

解きかた1 $1m^2$あたりの人数で比べる

人数(～人)を面積(～m^2)で割れば、「$1m^2$あたりの人数」を求めることができます。
東公園では、$150m^2$に30人の子どもが遊んでいるので、「$1m^2$あたりの人数」は、30÷150＝0.2人
西公園では、$240m^2$に60人の子どもが遊んでいるので、「$1m^2$あたりの人数」は、60÷240＝0.25人
東公園では、「$1m^2$あたり0.2人」で、西公園では、「$1m^2$あたり0.25人」なので、西公園のほうがこんでいます。

答え **西公園**

解きかた2 1人あたりの面積で比べる

面積(～m^2)を人数(～人)で割れば、「1人あたりの面積」を求めることができます。
東公園では、$150m^2$に30人の子どもが遊んでいるので、「1人あたりの面積」は、150÷30＝$5m^2$
西公園では、$240m^2$に60人の子どもが遊んでいるので、「1人あたりの面積」は、240÷60＝$4m^2$
東公園では、「1人あたり$5m^2$」で、西公園では、「1人あたり$4m^2$」なので、西公園のほうがこんでいます。

答え **西公園**

教えるときのポイント！

$1m^2$ あたり？ 1人あたり？

練習問題1 の2つの解きかたの区別はつきましたか。

解きかた1 では、$1m^2$ あたりの人数を比べて、こみぐあいを調べます。$1m^2$ あたりの人数が多いほうがこんでいるので、西公園のほうがこんでいるとわかります。

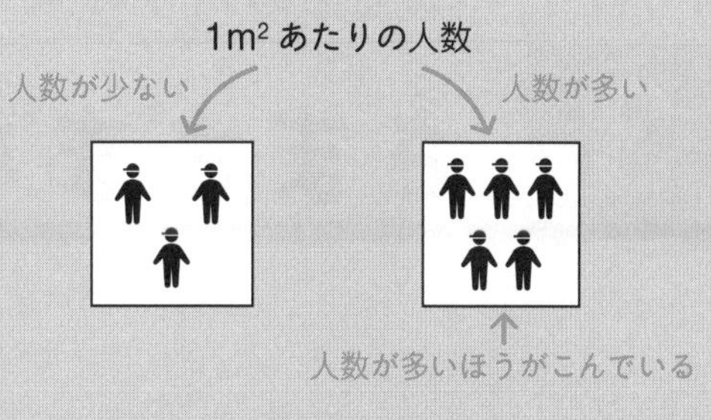

解きかた2 では、1人あたりの面積を比べて、こみぐあいを調べます。1人あたりの面積とは、「1人ひとりが持っているスペースの広さ」ですから、1人あたりの面積が小さいほうが、こんでいるといえます。こうして、西公園のほうがこんでいるとわかります。

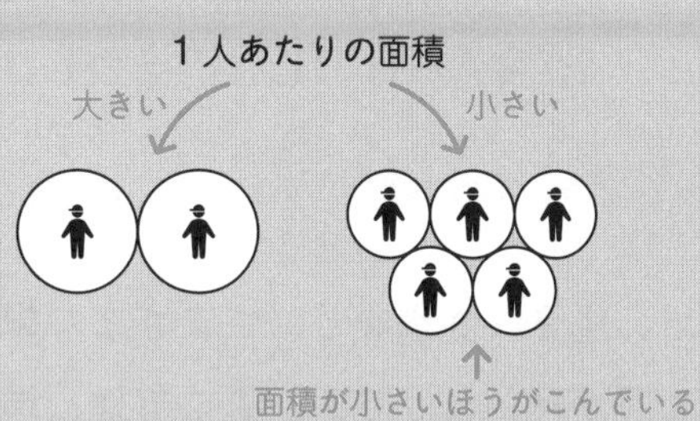

混乱しそうになってきますが、どちらも理解できるよう、じっくり教えましょう。

人口密度の求めかた

合言葉は「人口を面積で割る」！

人口密度とは、**$1km^2$あたりの人口**のことです。人口密度が多いほど、その国や地域がこんでいることを表します。

人口密度＝人口÷面積

練習問題2

右の表は、A町とB町の面積と人口を表しています。A町とB町では、どちらがこんでいますか。

	面積（km^2）	人口（人）
A町	39	5148
B町	51	6528

解答

「人口密度＝人口÷面積」なので、A町とB町の人口密度を求めて、こみぐあいを比べます。

A町の人口密度は、5148÷39＝132人

B町の人口密度は、6528÷51＝128人

人口密度（$1km^2$あたりの人口）はA町のほうが多いから、A町のほうがこんでいます。

答え **A町**

3 さまざまな単位

ここが大切！

k(キロ)は1000倍を表し、m(ミリ)は$\frac{1}{1000}$倍を表す

長さ、重さ、面積など、さまざまな単位がありますが、それぞれの関係を覚えるのに苦戦する子が多いようです。ここでは、単位の関係をマスターするコツを解説していきます。

1 k(キロ)とm(ミリ)の意味

k（キロ）は1000倍を表し、m（ミリ）は$\frac{1}{1000}$倍を表します。例えば、1gにk（キロ）がつくと、1000倍の1kgになります。1gに、m（ミリ）がつくと、$\frac{1}{1000}$倍の1mgになります。

このように、k（キロ）とm（ミリ）の意味を知っているだけで、右の単位の関係をすべておさえることができます。

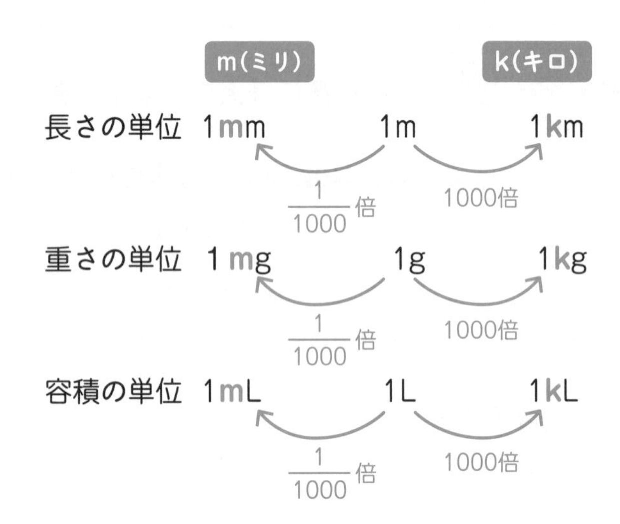

2 cm²とm²の関係

面積の単位であるcm^2とm^2の関係は、丸暗記しなくてもみちびくことができます。cm^2とm^2の関係について、$1m^2$が何cm^2か調べていきましょう。

$1m^2$は、1辺が1mの正方形の面積です。右のように、1辺が1mの正方形をかいてみちびきましょう。

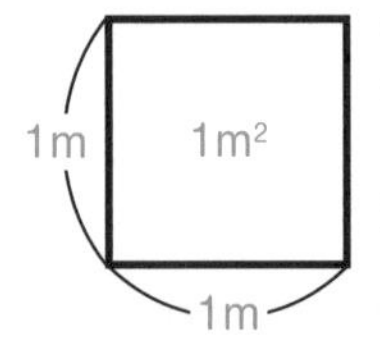

1辺が1mの正方形の面積は$1m^2$です。$1m^2$が何cm^2かを求めたいときは、$1m^2=10000cm^2$の関係を丸暗記していなくても、みちびくことができます。

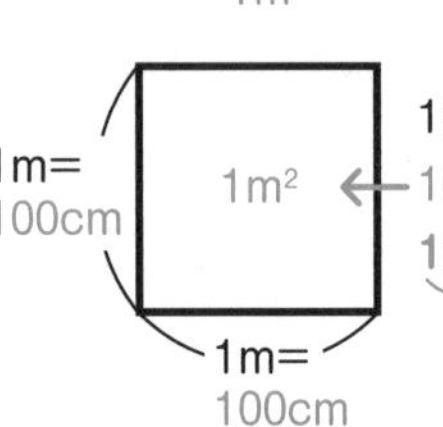

1m=100cmなので、$1m^2$は$100\times100=10000cm^2$となり、$1m^2=10000cm^2$と求められます。

練習問題

$1km^2$は何 m^2ですか。１辺が1km の正方形の図をかいて、みちびきましょう。

解答

１辺が1kmの正方形の図をかきます。
1km＝1000mなので、
$1km^2$は、1000×1000＝1000000m^2とみちびくことができます。

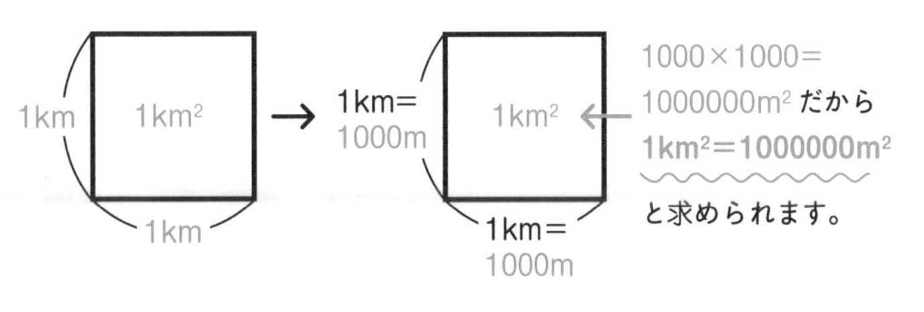

答え　1000000㎡

3 cm^3とm^3の関係

cm^3と m^3の関係も、丸暗記しなくてもみちびくことができます。

cm^3と m^3の関係について、**$1m^3$が何 cm^3か**調べていきましょう。

$1m^3$は、１辺が1m の立方体の体積です。右のように、１辺が1m の立方体をかいてみちびきましょう。

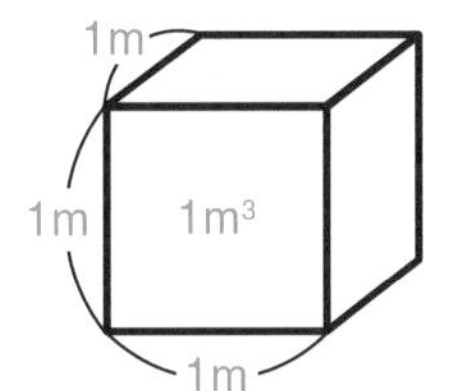

１辺が 1m の立方体の体積は $1m^3$ です。$1m^3$ が何cm^3 かを求めたいときは、$1m^3$＝1000000cm^3 の関係を丸暗記していなくても、みちびくことができます。

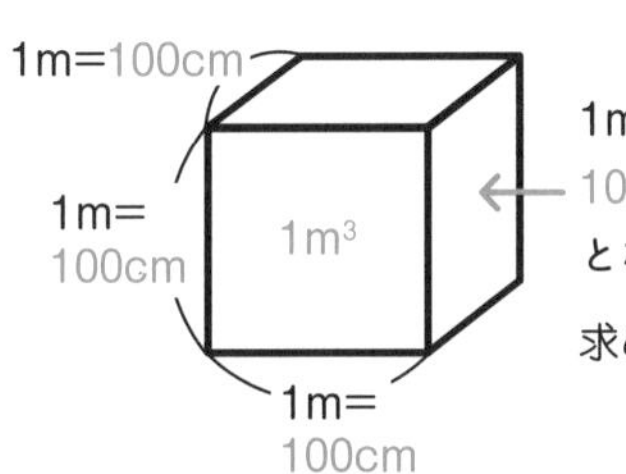

1m=100cm なので、$1m^3$ は 100×100×100＝1000000cm^3 となり、$1m^3$＝1000000cm^3 と求められます。

教えるときのポイント！

小学校でおさえるべき単位の関係

丸暗記しなくてもみちびくことができる単位の関係がある一方で、１a（アール）＝ 100m^2 といった**丸暗記するべき単位の関係**もあります。どちらも含めて、小学校を卒業するまでに下の単位の関係はおさえておきましょう。

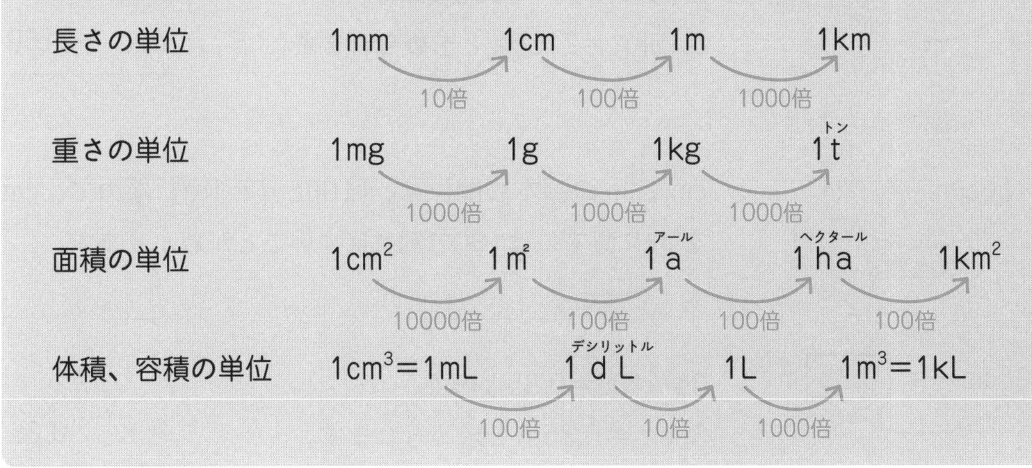

4 単位の換算

ここが大切！

単位の換算は基本の関係をもとに解く！

例えば、「3kg は何 g か」を考えてみましょう。
kg と g の基本の関係は「1kg ＝1000g」なので、3kg は3000g です。
このように、**ある単位を別の単位にかえることを**、単位の換算（あるいは単位換算）といいます。

例題 次の□にあてはまる数を答えましょう。

（1）2.15kg ＝□ g　　（2）35cm ＝□ m

解答

（1）1kg ＝ 1000g（1000をかける）

kg と g の基本の関係は「1kg ＝1000g」なので、kg を g に直すには1000をかければよいことがわかります。

2.15kg ＝ [2150] g（1000をかける）

2.15×1000＝2150なので、
2.15kg ＝2150g と求められます。

答え　2150

（2）100cm ＝ 1m（100で割る）

cm と m の基本の関係は、「100cm ＝1m」なので、cm を m に直すには100で割ればよいことがわかります。

35cm ＝ [0.35] m（100で割る）

35÷100＝0.35なので、
35cm ＝0.35m と求められます。

答え　0.35

教えるときのポイント！

単位換算は「基本の関係」からみちびく

例題 (1) で、基本の関係の「1kg＝1000g」から、kg を g に直すには 1000 をかければよいことをみちびきました。一方、(2) では、基本の関係の「100cm＝1m」から、cm を m に直すには 100 で割ればよいことをみちびきました。

このように、基本の単位から、何をかければよいのか（何で割ればよいのか）を考えるのが、単位換算のコツです。

練習問題

次の□にあてはまる数を答えましょう。

(1) 0.58ha＝□a　(2) 0.007km＝□cm　(3) 20100mL＝□L　(4) 22分＝□時間

解答

(1)

1ha ＝ 100a（100をかける）

0.58ha ＝ [58] a（100をかける）

「1ha＝100a」なので、haをaに直すには100をかければよいことがわかります。

0.58×100＝58なので、0.58ha＝58aと求められます。

答え　58

(2)

1km ＝ 1000m（1000をかける）

0.007km ＝ 7m（1000をかける）

kmをmに直してから、さらにcmに直します。「1km＝1000m」なので、kmをmに直すには1000をかければよいことがわかります。

0.007×1000＝7なので、0.007km＝7mと求められます。

1m ＝ 100cm（100をかける）

7m ＝ [700] cm（100をかける）

「1m＝100cm」なので、mをcmに直すには100をかければよいことがわかります。

7×100＝700なので、7m＝700cmと求められます。

答え　700

(3)

1000mL ＝ 1L（1000で割る）

20100mL ＝ [20.1] L（1000で割る）

「1000mL＝1L」なので、mLをLに直すには1000で割ればよいことがわかります。

20100÷1000＝20.1なので、20100mL＝20.1Lと求められます。

答え　20.1

(4)

60分 ＝ 1 時間（60で割る）

22分 ＝ $\boxed{\frac{11}{30}}$ 時間（60で割る）

「60分＝1時間」なので、分を時間に直すには60で割ればよいことがわかります。

$22\div60=\frac{22}{60}=\frac{11}{30}$なので、22分＝$\frac{11}{30}$時間と求められます。

答え　$\frac{11}{30}$

PART 7 単位量あたりの大きさ

1 速さの表しかた

ここが大切！

「秒速□m⇔時速△km」変換の裏ワザは便利！

速さには時速、分速、秒速などの表しかたがあります。

時速…１時間に進む道のりで表した速さ
分速…１分間に進む道のりで表した速さ
秒速…１秒間に進む道のりで表した速さ

例えば、時速50km とは１時間に50km 進む速さを表し、分速80m とは１分間に80m 進む速さを表します。

例題　次の□にあてはまる数を答えましょう。

時速48km ＝分速□ m

解答

時速48km は、「１時間で48km 進む速さ」です。
１時間＝60分、48km ＝48000m なので、
時速48km は、「60分で48000m 進む速さ」と言いかえることができます。

一方、分速は、「１分間にどれだけ進むか」ということです。
60分で48000m 進むのですから、１分では、
48000÷60＝800m 進むことがわかります。

だから、時速48km は、分速800m です。

答え　800

まとめると、次のようになります。

時速48km →１時間に48km 進む
→60分に48000m 進む

分速→１分間でどれだけ進むか
48000÷60＝分速800m

教えるときのポイント！

「秒速□ m ⇔時速△ km」変換の裏ワザ

秒速□ m と時速△ km の変換には、裏ワザがあります。

・「秒速□ m を時速△ km に直す」には、
　□× 3.6 を計算すればよい

・「時速△ km を秒速□ m に直す」には、
　△÷ 3.6 を計算すればよい

という裏ワザです。

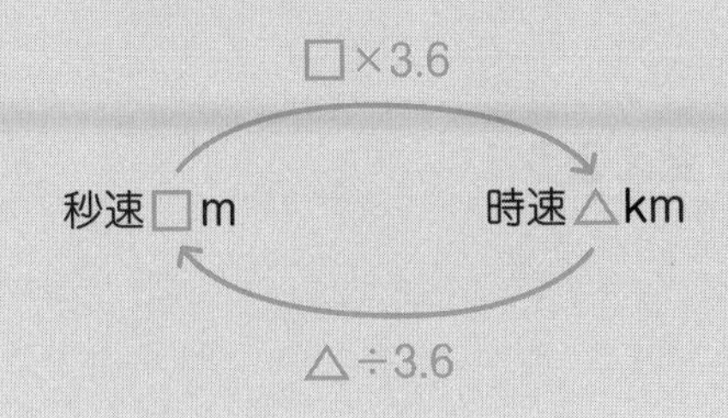

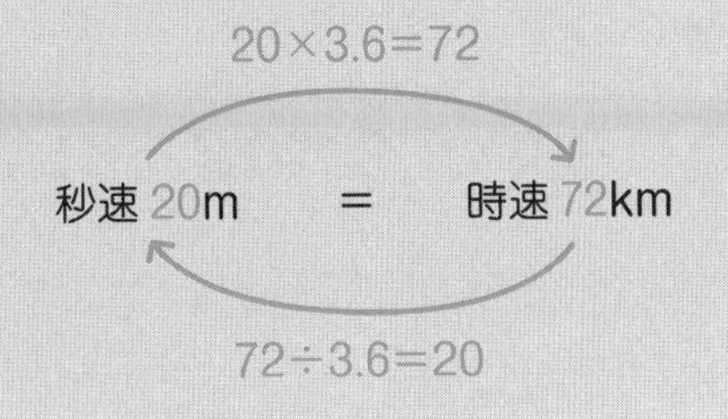

練習問題

次の問いに答えましょう。

（1）秒速25m は、分速何 m ですか。また、時速何 km ですか。

（2）時速54km は、分速何 m ですか。また、秒速何 m ですか。

解答

（1） 秒速25m→１秒間に25m進む

分速→１分間(＝60秒間)でどれだけ進むか

25×60＝分速1500m

分速1500m→１分間に1500m進む

時速→１時間(＝60分間)でどれだけ進むか

1500×60＝90000m→時速90km

※（1）の時速の求めかたの別解
教えるときのポイント！の裏ワザを使えば、
秒速 25m ⇒ 25 × 3.6 ＝ 90 ⇒ 時速 90km
と求めることができます。

答え　分速1500m、時速90km

（2） 時速54km→１時間に54km進む

→60分間に54000m進む

分速→１分間でどれだけ進むか

54000÷60＝分速900m

分速900m→１分間(＝60秒間)に900m進む

秒速→１秒間にどれだけ進むか

900÷60＝秒速15m

※（2）の秒速の求めかたの別解
教えるときのポイント！の裏ワザを使えば、
時速 54km ⇒ 54 ÷ 3.6 ＝ 15 ⇒ 秒速 15m
と求めることができます。

答え　分速900m、秒速15m

2 速さの3公式の覚えかた

ここが大切！

速さの3公式は、「み・は・じ」の図で覚えよう！

速さ、道のり、時間の関係を表したのが、速さの３公式です。

速さの３公式

①速さ＝道のり÷時間

②道のり＝速さ×時間

③時間＝道のり÷速さ

速さの３公式は、次の「み・は・じ」の図で覚えることができます。「み・は・じ」を合言葉のように覚えましょう。

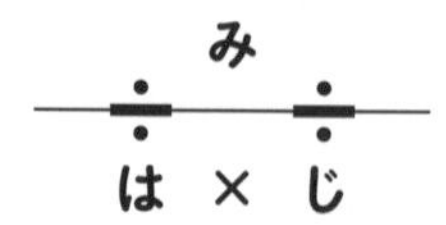

「み」が「道のり」、「は」が「速さ」、「じ」が「時間」を表します。

求めたいものを指でかくすことによって、公式が浮かび上がってきます。

（1）速さを求めたいとき

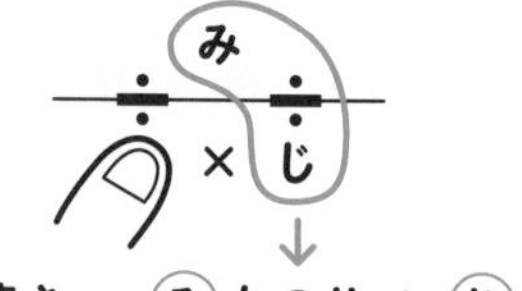

速さ ＝ ⓜちのり ÷ ⓙかん

図の「は」を指でかくします。
そうすると、「み÷じ」が残ります。つまり、
「速さ＝道のり÷時間」だとわかります。

（2）道のりを求めたいとき

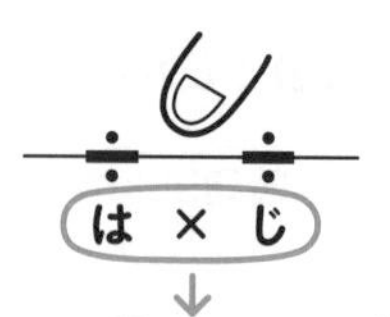

道のり ＝ (は)やさ × (じ)かん

図の「み」を指でかくします。
そうすると、「は×じ」が残ります。つまり、
「道のり＝速さ×時間」だとわかります。

（3）時間を求めたいとき

図の「じ」を指でかくします。
そうすると、「み÷は」が残ります。つまり、
「時間＝道のり÷速さ」だとわかります。

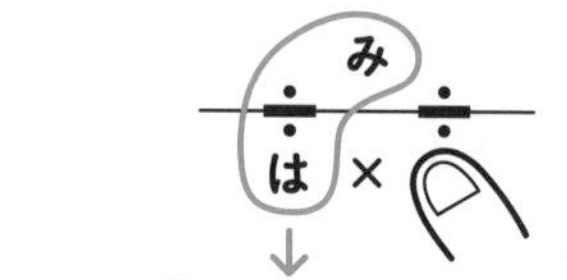

時間 ＝ (み)ちのり ÷ (は)やさ

例題 ある自動車が、288kmの道のりを6時間で走ります。

(1)この自動車の速さは、時速何kmですか。

(2)この自動車が5時間走ると、何km進みますか。

(3)この自動車が432km走るのに、何時間かかりますか。

解答

(1)「速さ＝道のり÷時間」だから、288÷6=48　答え **時速48km**

(2)「道のり＝速さ×時間」だから、48×5=240　答え **240km**

(3)「時間＝道のり÷速さ」だから、432÷48=9　答え **9時間**

教えるときのポイント！

単位をそろえてから、速さの3公式を使おう

例題では、速さの3公式にそのまま数をあてはめて解けば、答えが求められました。

しかし、次の練習問題では、単位をそろえた後に、速さの3公式に数をあてはめて解く必要があります。単位をそろえてから解く問題は、引っかかりやすいので注意しながら解きましょう。

練習問題

Aさんが、4kmの道のりを50分で歩きます。

(1) Aさんの歩く速さは、分速何mですか。

(2) Aさんが2時間歩くと、何km進みますか。

(3) Aさんが5.6km歩くのに、何時間何分かかりますか。

解答

(1) 4km=4000m
「速さ＝道のり÷時間」だから、4000÷50=80　答え **分速80m**

(2) 2時間=120分
「道のり＝速さ×時間」だから、80×120=9600m=9.6km　答え **9.6km**

(3) 5.6km=5600m
「時間＝道のり÷速さ」だから、5600÷80=70分=1時間10分　答え **1時間10分**

・2人(2つ)以上の人や乗り物が移動するときに、出会ったり、追いかけたりする問題「旅人算(たびびとざん)」について学びたい方は、特典PDFをダウンロードしてください(5ページ参照)。

1 割合とは　その1

ここが大切！

「の」の前が、もとにする量
〜倍が、割合
残ったものが、比べられる量

1 割合（わりあい）とは

例題　2をもとにして、6を比べると、6は2の何倍ですか。

解答　6÷2=3　　答え　**3倍**

上の例題は、2をもとにして、6を比べる問題です。6は2の3倍と求めることができました。この場合、2、6、3倍をそれぞれ次のようにいいます。

2 … もとにする量
6 … 比べられる量
3倍 … 割合

6	÷	2	=	3(倍)
↑		↑		↑
比べられる量	÷	もとにする量	=	割合

つまり、**比べられる量が、もとにする量のどれだけ（何倍）にあたるかを表した数**を、割合といいます。

教えるときのポイント！

「割合って何？」と聞かれたら…

「割合って何？」と聞かれたら、どう答えますか？「比べられる量が、もとにする量のどれだけ（何倍）にあたるかを表した数だよ」と教えても、なかなか理解しづらいでしょう。では、どう教えればいいのでしょうか。
「割合とは、〜倍にあたる数だよ」と教えてあげてください。例えば、「6は2の3倍です」という文では、「3倍」が割合です。正しくは、PART9で習う小数（の割合）、百分率、歩合などを全部含めて、「割合」というのですが、ひとまずはこのように教えれば、理解しやすいでしょう。

2 割合、比べられる量、もとにする量の見分けかた

割合、比べられる量、もとにする量は次の３ステップで見分けましょう。

①もとにする量を見つける
②割合を見つける
③残ったものが、比べられる量

例をあげて説明します。

「6は2の3倍です」と「2の3倍は6です」という文は、ほぼ同じ意味です。これらの文で、割合、比べられる量、もとにする量を、次の３ステップで見分けましょう。

①「の」の前の2が、もとにする量です。
②「～倍」である3（倍）が、割合です。
③そして、残った6が比べられる量です。
下の２パターンはどちらも、①、②、③の順に見つけましょう。

割合、比べられる量、もとにする量の見分けかた

合言葉は、「『の』の前がもとにする量」！

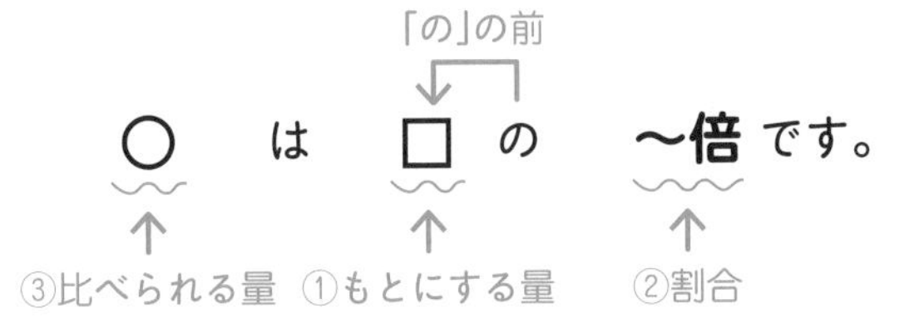

「○は□の～倍です」や「□の～倍は○です」という文では、次の①、②、③の順に見分けます

①「の」の前の□が、もとにする量
②「～倍」が、割合
③残った○が、比べられる量

※ただし、「○は□の～倍です」や「□の～倍は○です」以外の文では、あてはまらない場合もあるので注意しましょう。

2 割合とは　その2

ここが大切！

割合の3公式は、「く・も・わ」の図で覚えよう！

1 割合の3公式の覚えかた

割合、比べられる量、もとにする量について、次の3つの公式が成り立ちます。

割合の3公式
（1）割合＝比べられる量÷もとにする量
（2）比べられる量＝もとにする量×割合
（3）もとにする量＝比べられる量÷割合

割合の3公式は、次の「く・も・わ」の図で覚えることができます。「く・も・わ」を合言葉のように覚えましょう。

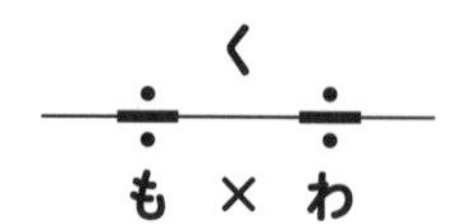

「く」が「比べられる量」、「も」が「もとにする量」、「わ」が「割合」を表します。
求めたいものを指でかくすことによって、公式が浮かび上がってきます。
90ページの「み・は・じ」の図と同じ要領です。

（1）割合を求めたいとき

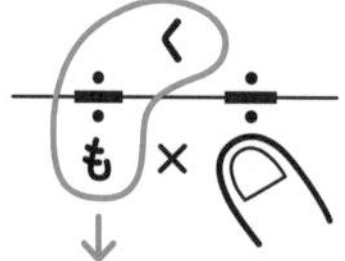

割合 ＝ ⓚらべられる量 ÷ ⓜとにする量

図の「わ」を指でかくします。
そうすると、「く÷も」が残ります。つまり、「割合＝比べられる量÷もとにする量」だとわかります。

（2）比べられる量を求めたいとき

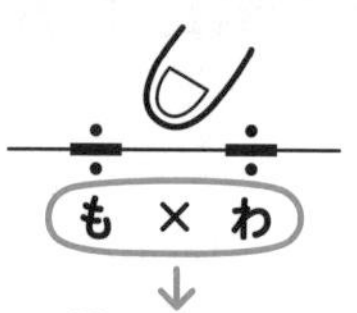

比べられる量 ＝ ⓜとにする量 × ⓦりあい

図の「く」を指でかくします。
そうすると、「も×わ」が残ります。つまり、「比べられる量＝もとにする量×割合」だとわかります。

（3）もとにする量を求めたいとき

図の「も」を指でかくします。
そうすると、「く÷わ」が残ります。つまり、「もとにする量＝比べられる量÷割合」だとわかります。

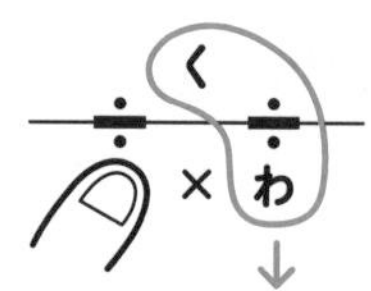

もとにする量 ＝ ⓚらべられる量 ÷ ⓦりあい

2 割合の問題

教えるときのポイント！

割合の問題は２ステップで解く！

次の 練習問題 は、２ステップで求めるとスムーズに解けます。
①割合、比べられる量、もとにする量を見分ける
②割合の３公式のいずれかを使って求める

練習問題

次の□にあてはまる数を答えましょう。

（１）20人は80人の□倍です。
（２）7cm の3.9倍は□ cm です。
（３）92kg は□ kg の0.4倍です。

解答

（1）～（3）ともに、教えるときのポイント！を見ながら２ステップで解きましょう。

（1） ①まず、割合、比べられる量、もとにする量を見分けます。
②「割合＝比べられる量÷もとにする量」なので、
20÷80＝0.25

答え　0.25

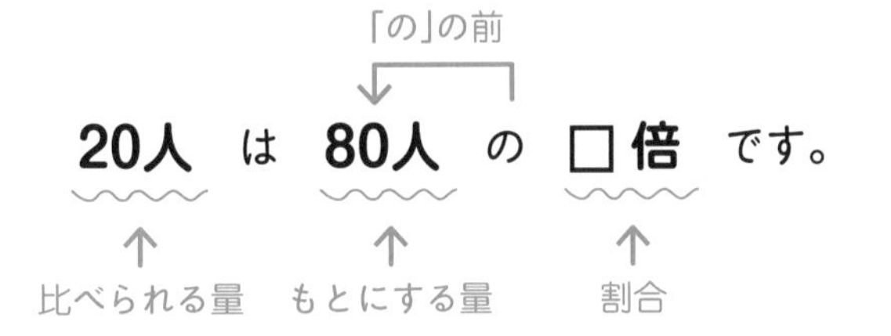

（2） ①まず、割合、比べられる量、もとにする量を見分けます。
②「比べられる量＝もとにする量×割合」なので、
7×3.9＝27.3

答え　27.3

（3） ①まず、割合、比べられる量、もとにする量を見分けます。
②「もとにする量＝比べられる量÷割合」なので、
92÷0.4＝230

答え　230

3 百分率（ひゃくぶんりつ）とは

ここが大切！

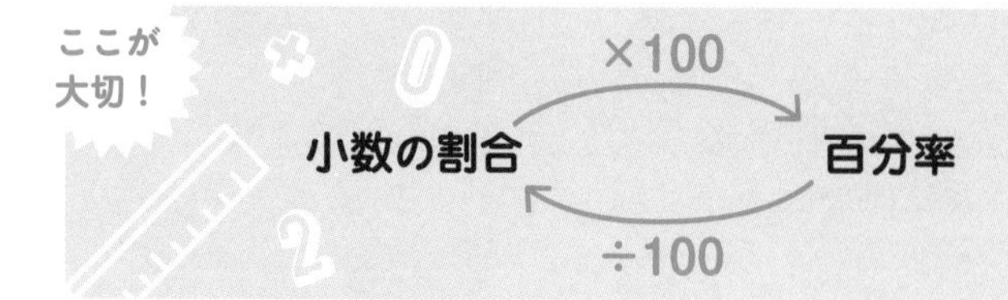

1 百分率（ひゃくぶんりつ）とは

百分率は**割合の表しかたのひとつ**です。

小数の割合の0.01を**1％（1パーセント）**といいます。

百分率とは、**パーセントで表した割合**です。

前の２項目（92～95ページ）で習った、0.25倍や1.5倍などの**「～倍」の割合**を**小数の割合**といいます。

小数の割合を100倍すると、**百分率**になります。

そして、**百分率を100で割る**と、**小数の割合**になります。

例題　次の問いに答えましょう。

（1）小数の割合0.81を百分率に直しましょう。（2）59%を小数の割合に直しましょう。

解答

（1）**小数の割合を100倍する**と、**百分率**になります。　0.81×100＝81　　答え　**81%**

（2）**百分率を100で割る**と、**小数の割合**になります。　59÷100＝0.59　　答え　**0.59**

練習問題 1

（1）（2）の数を百分率に直し、（3）（4）の百分率を小数の割合に直しましょう。

（1）0.15　　（2）3　　（3）72%　　（4）150%

解答

（1）0.15×100＝15　答え　**15%**

（2）3×100＝300　答え　**300%**

（3）72÷100＝0.72　答え　**0.72**

（4）150÷100＝1.5　答え　**1.5**

2 百分率の問題

教えるときのポイント！

百分率の問題を解くときの注意点

割合の３公式（94ページ）は、**小数の割合だけに使える公式**です。そのため、次の**練習問題２**のように、百分率の問題で割合の３公式を使うときは、**百分率を小数の割合に直してから計算する**ようにしましょう。

百分率（～%）のまま、割合の３公式を使うと間違った答えが出るので注意が必要です。

練習問題２

次の□にあてはまる数を答えましょう。

（１）□人の８%は16人です。　（２）□Ｌは320Ｌの85%です。　（３）1900円の□%は1273円です。

解答

（１）まず、百分率の８%を100で割って、小数の割合に直します。
8÷100＝0.08（倍）
次に、割合、比べられる量、もとにする量を見分けます。

「**もとにする量＝比べられる量÷割合**」なので、
16÷0.08＝200

答え　**200**

（２）まず、百分率の85%を100で割って、小数の割合に直します。
85÷100＝0.85（倍）
次に、割合、比べられる量、もとにする量を見分けます。

「**比べられる量＝もとにする量×割合**」なので、
320×0.85＝272

答え　**272**

（３）まず、割合、比べられる量、もとにする量を見分けます。

「の」の前

1900円　の　**□%**　は　**1273円**　です。

もとにする量　割合（百分率）　比べられる量

「**割合＝比べられる量÷もとにする量**」なので、
1273÷1900＝0.67（倍）
0.67は小数の割合なので、100倍して百分率に直します。
0.67×100＝67（%）

答え　**67**

PART 9 割合

4 歩合（ぶあい）とは

ここが大切！

歩合（ぶあい）は～割（わり）～分（ぶ）～厘（りん）で表す

1 歩合（ぶあい）とは

歩合は**割合の表しかたのひとつ**です。
歩合とは、割合を右のように表したものです。

小数の割合		歩合
0.1（倍）	⇒	1割（わり）
0.01（倍）	⇒	1分（ぶ）
0.001（倍）	⇒	1厘（りん）

例題 (1)～(6)の小数の割合を、歩合に直しましょう。
また、(7)～(9)の歩合を、小数の割合に直しましょう。

（1）0.682　（2）0.7　（3）0.05　（4）0.002　（5）0.59
（6）0.908　（7）5割1分7厘　（8）8分8厘　（9）2割3厘

解答

（1）0.682は、0.1が6つ、0.01が8つ、0.001が2つなので、6割8分2厘です。　答え **6割8分2厘**

（2）0.7は、0.1が7つなので、7割です。　答え **7割**

（3）0.05は、0.01が5つなので、5分です。　答え **5分**

（4）0.002は、0.001が2つなので、2厘です。　答え **2厘**

（5）0.59は、0.1が5つ、0.01が9つなので、5割9分です。　答え **5割9分**

（6）0.908は、0.1が9つ、0.001が8つなので、9割8厘です。　答え **9割8厘**

（7）5割1分7厘は、0.1が5つ、0.01が1つ、0.001が7つなので、0.517です。　答え **0.517**

（8）8分8厘は、0.01が8つ、0.001が8つなので、0.088です。　答え **0.088**

（9）2割3厘は、0.1が2つ、0.001が3つなので、0.203です。　答え **0.203**

教えるときのポイント！

小数の割合、百分率、歩合の違いは？

今まで習った、小数の割合、百分率、歩合は、**どれも割合**です。
では、その違いはなんでしょうか。
もとにする量（全体）を**1**とするのが**小数の割合**、もとにする量（全体）を**100（%）**とするのが**百分率**、もとにする量（全体）を**10（割）**とするのが**歩合**、という違いがあります。

これは、大切なポイントですので、合わせて教えましょう。

		もとにする量（全体）を…
割合	小数の割合	1とする
	百分率	100(%)とする
	歩合	10(割)とする

2 歩合の問題

歩合の問題で、割合の3公式（P94）を使うときは、**歩合を小数の割合に直してから計算する**ようにしましょう。

練習問題

次の□にあてはまる数を答えましょう。

（1）□ km は48km の3割7分5厘です。

（2）5200円の□割□分□厘は4082円です。

（3）□ g の2分9厘は8.7g です。

解答

（1）まず、歩合の3割7分5厘を、小数の割合に直すと0.375(倍)になります。
次に、割合、比べられる量、もとにする量を見分けます。

「**比べられる量＝もとにする量×割合**」なので、
48×0.375＝18

答え　18

（2）割合、比べられる量、もとにする量を見分けます。

「**割合＝比べられる量÷もとにする量**」なので、
4082÷5200＝0.785(倍)
0.785は小数の割合なので、歩合に直すと7割8分5厘です。

答え　7(割)8(分)5(厘)

（3）まず、歩合の2分9厘を、小数の割合に直すと0.029(倍)になります。
次に、割合、比べられる量、もとにする量を見分けます。

「**もとにする量＝比べられる量÷割合**」なので、
8.7÷0.029＝300

答え　300

「の」の前　2分9厘
□gの0.029倍は8.7gです
もとにする量　割合　比べられる量

5 割合のグラフ

ここが大切！

割合を目で見てわかるようにする方法 ⇒ 帯（おび）グラフと円グラフ

[例] ある小学校の5年生全員の住所を調べたところ、右の表のような結果になりました。

町名	A町	B町	C町	D町	その他	合計
割合	32%	25%	17%	14%	12%	100%

この結果を目で見てわかるように帯グラフと円グラフで表すと、下のようになります。

帯グラフ
(全体を長方形で表し、各部分の割合を、たての線で区切ったグラフ)

A町 32%	B町 25%	C町 17%	D町 14%	その他 12%

円グラフ
(全体を円で表し、各部分の割合を、半径で区切ったグラフ)

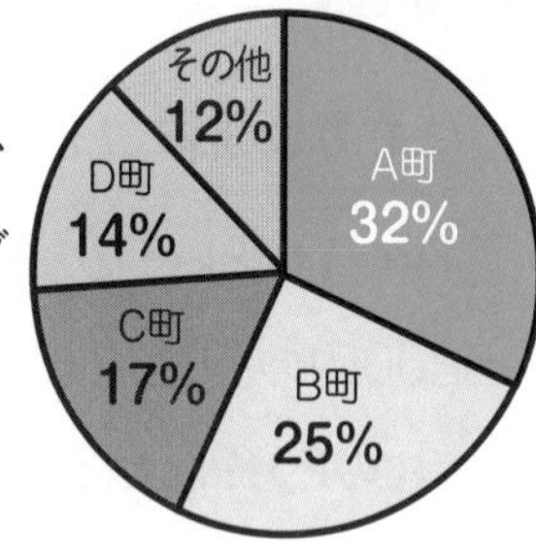

練習問題 1

A さんの畑では 4 種類の野菜を作っており、その収かく量の合計は240kg でした。右の帯グラフは、それぞれの野菜の収かく量の割合です。

キャベツ 45%	じゃがいも 30%	トマト 15%	さつまいも 10%

(1) じゃがいもの収かく量は何 kg ですか。
(2) キャベツの収かく量は、トマトの収かく量の何倍ですか。

解答

(1) じゃがいもの収かく量の割合(百分率)30%を小数の割合に直すと、0.3(倍)になります。割合、比べられる量、もとにする量を見分けると、右のようになります。
「比べられる量＝もとにする量×割合」なので、240×0.3＝72

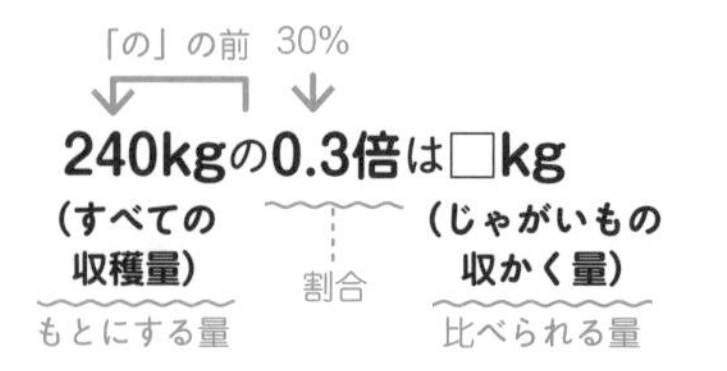

答え　72kg

(2) 収かく量の割合はキャベツが45%で、トマトが15%です。
だから、キャベツの収かく量は、トマトの収かく量の45÷15＝3倍です。　答え　3倍

教えるときのポイント！

割合どうしを比べることができる

練習問題1（2）では、キャベツとトマトの収かく量の割合を比べて、45（%）÷15（%）＝3倍と求めました。

このように、割合どうしを比べて、何倍（もしくは何分の1）になっているかを求められることも、合わせて教えましょう。

練習問題2

右の円グラフは、ある小学校の6年生全員の一番好きなスポーツを調べて、それぞれのスポーツの割合を表したものです。

（1） サッカーが好きな人は85人でした。
6年生全員の人数は何人ですか。

（2） 野球が好きな人は何人ですか。

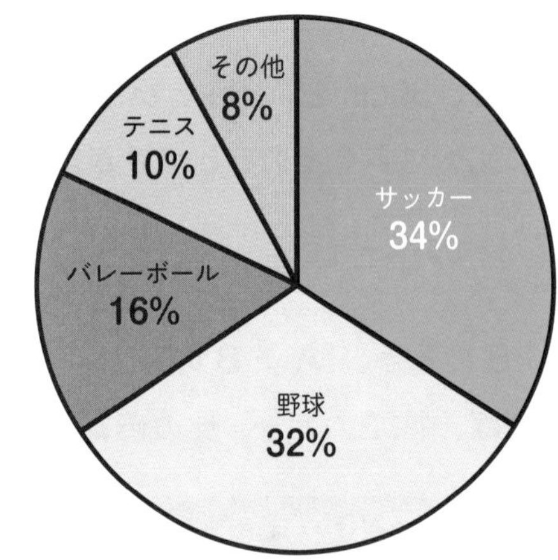

解答

（1）サッカーが好きな人の割合（百分率）は、34%で、これを小数の割合に直すと、0. 34（倍）になります。
割合、比べられる量、もとにする量を見分けると、右のようになります。

「**もとにする量＝比べられる量÷割合**」なので、
85÷0.34＝250

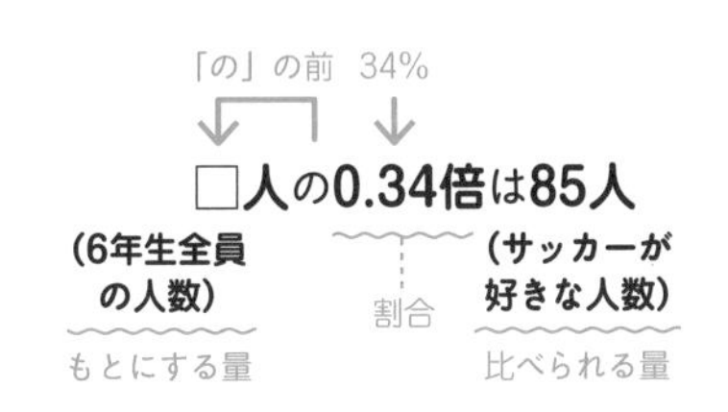

答え　250人

（2）野球が好きな人の割合（百分率）は、32%で、これを小数の割合に直すと、0. 32（倍）になります。
割合、比べられる量、もとにする量を見分けると、右のようになります。

「**比べられる量＝もとにする量×割合**」なので、
250×0.32＝80

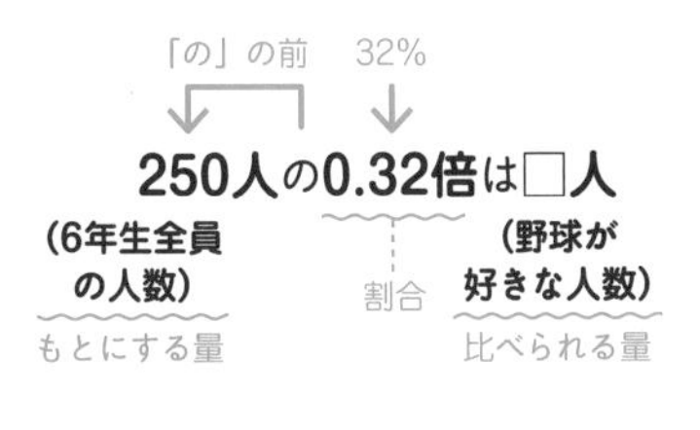

答え　80人

1 比とは

ここが大切！

A:Bのとき、「A÷B」で比の値（あたい）を求めよう

1 比（ひ）とは

例えば、30cm と40cm という２つの数の割合について、3：4（読みかたは3対（たい）4）のように比べやすく表すことができます。このように表された割合を比といいます。

2 比の値（あたい）とは

A：Bのとき、「**A ÷ B の答え**」を、比の値（あたい）といいます。
例えば、1：3のとき、比の値は、$1\div3=\frac{1}{3}$です。

教えるときのポイント！

どっちをどっちで割ればよい？

例えば、「1：3の比の値を求めましょう」という問題を解くとき、「$1\div3=\frac{1}{3}$」と求めるところを、間違って、「3÷1＝3」と求めてしまう子がいます。どっちをどっちで割るのかわかっていないと、このように間違ってしまうのです。
比の記号の「:」に、1本の横棒をつけると「÷」になります。比の値を求めるには、右のように、「比に1本の横棒をつけて計算すればよい」と教えれば、先ほどのような間違いをしなくなります。

1 ： 3の比の値は？

↓ 横棒をつけて計算するだけ！

$$1\div3=\frac{1}{3}$$

比の値

大人も楽しい算数コラム　割合と比は兄弟のようなもの

割合と比は兄弟のようなもの。どちらも「2つの量を比べられる」点で同じです。
まず「6は2の何倍？」という問題を、割合の考え方で解いた場合、比べられる量の6を、もとにする量の2で割ると、割合の3（倍）が求められます。
次に、「6は2の何倍？」という問題を、比の考え方で解いた場合、6と2の比は、6:2と表されます。そして、6：2の比の値を求めると、6÷2＝3（倍）と求められます。
このように、割合と比は、比べるときの表しかたが違うだけで、よく似ているのです。

例題 次の比の値を求めましょう。

（1）2：7　　（2）5.1：1.7　　（3）$\frac{5}{9}:\frac{1}{6}$

解答

（1）$2 \div 7 = \frac{2}{7}$

（2）$5.1 \div 1.7 = 3$

（3）$\frac{5}{9} \div \frac{1}{6} = \frac{5}{9} \times \frac{6}{1} = \frac{10}{3} = 3\frac{1}{3}$

練習問題

次の比の値を求めましょう。

（1）70：63　　（2）10:2.5　　（3）$\frac{3}{4}:\frac{9}{11}$

解答

（1）$70 \div 63 = \frac{70}{63} = \frac{10}{9} = 1\frac{1}{9}$

（2）$10 \div 2.5 = 4$

（3）$\frac{3}{4} \div \frac{9}{11} = \frac{3}{4} \times \frac{11}{9} = \frac{11}{12}$

3 等しい比

例えば、3：4の比の値は、$3 \div 4 = \frac{3}{4}$です。

また、6：8の比の値は、$6 \div 8 = \frac{6}{8} = \frac{3}{4}$です。

つまり、3：4と6：8の比の値は、どちらも$\frac{3}{4}$です。

このように、比の値が等しいとき、それらの**比は等しい**といいます。

そして、「＝」を使って、「**3：4＝6：8**」のように表します。

2 比をかんたんにする

ここが大切！

A:Bのとき、AとBに同じ数をかけても割っても、比は等しい

等しい比には、次の２つの性質があります。

① A：Bのとき、AとBに同じ数をかけても、比は等しい。

［例］ $3:2=15:10$ （×5）

3と2のそれぞれに5をかけても比は等しい

② A：Bのとき、AとBを同じ数で割っても、比は等しい。

［例］ $8:12=2:3$ （÷4）

8と12のそれぞれを4で割っても比は等しい

等しい比の性質（上の①と②）を使って、**できるだけ小さい整数の比に直すこと**を「**比をかんたんにする**」といいます。
整数どうしの比では、**比の両方の数の最大公約数で割れば、比をかんたんにすることができます。**
例えば、24：16の比をかんたんにする場合を考えてみましょう。
24と16の最大公約数は8なので、24と16を8で割ると、右のように、比をかんたんにすることができます。

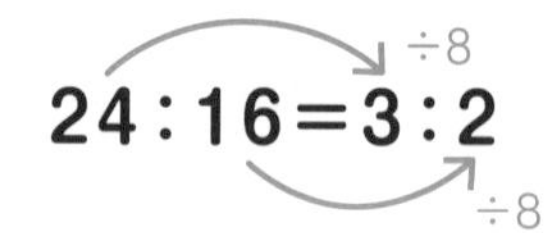

練習問題 1

次の比をかんたんにしましょう。

(1)36:20　　(2)45:60　　(3)57:38

解答

(1)36と20の最大公約数4で割りましょう。 $36:20=9:5$ （÷4）　答え 9：5

(2)45と60の最大公約数15で割りましょう。 $45:60=3:4$ （÷15）　答え 3：4

(3)57と38の最大公約数19で割りましょう。 $57:38=3:2$ （÷19）　答え 3：2

教えるときのポイント！

小数や分数の比をかんたんにする方法

練習問題1 のように、**整数どうしの比**では、比の両方の数の最大公約数で割れば、比をかんたんにすることができました。
一方、次の 練習問題2 のように、**小数や分数の比**をかんたんにするには、それぞれ右のようにしましょう。

▶ 小数の比をかんたんにする
まず、比の両方の数を**10倍、100倍…**して整数の比に直してから、かんたんにする。

▶ 分数の比をかんたんにする
まず、比の両方の数に**分母の最小公倍数**をかけて、整数の比に直してから、かんたんにする。

練習問題 2

次の比をかんたんにしましょう。

(1) 2.4：4.5　　(2) $\frac{7}{10}:\frac{14}{15}$

解答

(1) 2.4と4.5の両方の数を**10倍**して、整数の比に直してから、かんたんにしましょう。

$2.4:4.5$ （それぞれ10倍する）
$=2.4\times10:4.5\times10$
$=24:45$ ←整数の比に直す
$=24\div3:45\div3$ （最大公約数の3で割る）
$=8:15$

答え　8：15

(2) $\frac{7}{10}$と$\frac{14}{15}$の両方の数に**分母(10と15)の最小公倍数30**をかけて、整数の比に直してから、かんたんにしましょう。

$\frac{7}{10}:\frac{14}{15}$ （分母の10と15の最小公倍数30をかける）
$=\frac{7}{10}\times30:\frac{14}{15}\times30$
$=21:28$ ←整数の比に直す
$=21\div7:28\div7$ （最大公約数の7で割る）
$=3:4$

答え　3：4

大人も楽しい算数コラム

最も美しい比、黄金比

古代ギリシャの時代から、**最も美しい比とされていたのが「黄金比」**。黄金比は、1：1.618…で、だいたい5：8に近い比です。
黄金比は、ミロのヴィーナス、パリの凱旋門、ギリシャのパルテノン神殿などで使われています。また、名刺やキャッシュカードのたてと横の長さのように、私たちの身近にも黄金比があります。
さらに、黄金比は自然界にも存在するという説があります。映画化もされた『ダ・ヴィンチ・コード』の原作には、「**ハチのオスとメスの個体数の比は、黄金比**になる」という説が出てきます。

3 比例式とは

ここが大切！

A:B=C:DのときB×C=A×Dになることをおさえよう！

A：B＝C：Dのように、**比が等しいことを表した式**を**比例式**といいます。
比例式の内側のBとCを**内項**といい、外側のAとDを**外項**といいます。

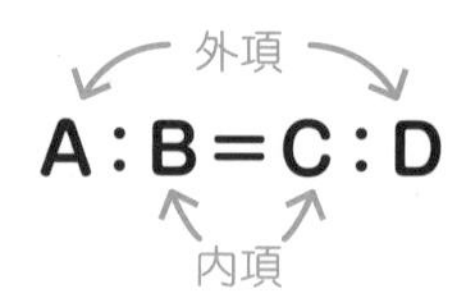

比例式には、**内項の積と外項の積は等しい**という性質があります。
また、**積**とは、**かけ算の答え**のことです。

外項の積は、5×8＝40
5：4＝10：8
等しい
内項の積は、4×10＝40

例えば、5：4＝10：8という比例式で確かめると、右のように、**内項の積と外項の積は等しくなる**ことがわかります。

つまり、右の公式が成り立ちます。

A：B＝C：Dのとき　**B×C＝A×D**
内項の積 ＝ 外項の積

大人も楽しい算数コラム

日本人が大好きな白銀比

105ページで黄金比を紹介しましたが、「**白銀比**」という比もあり、これも美しい比とされています。白銀比は、1：1.414…で、だいたい5：7に近い比です。
一辺が1cmの正方形の対角線は約1.414cmとなります。ところで、丸太から木材を伐り出すには正方形が適しています。だから木造建築の多い日本では、この白銀比が古代から好まれていたそうです。
例えば、法隆寺の五重塔には、この白銀比が使われています。私たちの身の回りでは、A4、B5などの紙の、たてと横の長さの比が白銀比です。実は、**キティちゃんやアンパンマンの幅と身長も白銀比**になっているという説があるので、確かめてみてください。

練習問題

次の□にあてはまる数を答えましょう。

(1) 2:5=□:7　(2) □:2.4=4.8:32　(3) $\frac{4}{5}$: □ = $\frac{7}{12}$: $\frac{5}{6}$

解答

(1)

外項をかけると2×7=14

内項をかけた答えも14になるので、5×□=14

外項の積は2×7=14

2 : 5=□ : 7

内項の積5×□も14になる

だから、□=14÷5=2.8

(2)

内項をかけると2.4×4.8=11.52

外項をかけた答えも11.52になるので、

□×32=11.52

外項の積□×32も11.52になる

□ : 2.4=4.8 : 32

内項の積は2.4×4.8=11.52

だから、□=11.52÷32=0.36

(3)

外項をかけると$\frac{4}{5}\times\frac{5}{6}=\frac{2}{3}$

内項をかけた答えも$\frac{2}{3}$になるので、□×$\frac{7}{12}=\frac{2}{3}$

外項の積は$\frac{4}{5}\times\frac{5}{6}=\frac{2}{3}$

$\frac{4}{5}$: □ = $\frac{7}{12}$: $\frac{5}{6}$

内項の積□×$\frac{7}{12}$も$\frac{2}{3}$になる

だから、□=$\frac{2}{3}\div\frac{7}{12}=\frac{2}{3}\times\frac{12}{7}=\frac{8}{7}=1\frac{1}{7}$

教えるときのポイント！

比例式の性質は知っておいたほうが便利！

比例式の「内項の積と外項の積は等しい」という性質は、公立小学校用の教科書には載っていません(中学1年生の教科書に載っています)。しかし、この性質を知っておいたほうが、テストなどの問題を解きやすくなるので、あえて掲載しました。

例えば 練習問題 (1)の「2:5=□:7」のような問題は、公立小学校のテストの問題などにも出題されます。

これを公立小学校では、「等しい比の性質」を使って、右のように教えます。

▶「等しい比の性質」を使った解きかた

7÷5=1.4なので、5を1.4倍すると7になる。

同じように、2を1.4倍すると□になる。

だから、□は、2×1.4=2.8

7÷5=1.4倍

2:5=□:7

1.4倍

どちらの解きかたも使えるようになっておくと、より力を発揮できるでしょう。

4 比の文章題

ここが大切！

文章題に慣れないうちは、線分図を使って解きましょう！

例題1 兄と弟の持っているお金の比は6：5です。兄が540円持っているとき、弟は何円持っていますか。

解答

線分図に表すと、右のようになります。

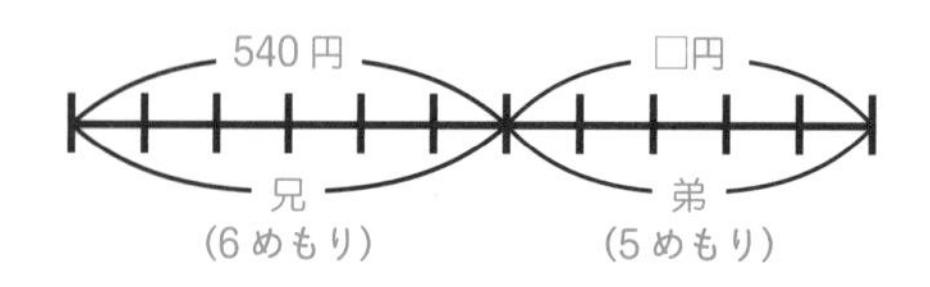

兄に注目すると、線分図の**6めもり分が540円**にあたります。
6めもり分が540円にあたるので、1めもり分は540÷6＝90円です。
弟の持っているお金は5めもり分なので、90×5＝450円です。

答え　450円

教えるときのポイント！

比例式を使って解く方法もある

例題1で、弟の持っているお金を□円とすると、右の比例式が成り立ちます。

兄　弟　　兄　　弟
6：5＝540：□
持っているお金の比　　実際の金額(の比)

この比例式を解くには、次の2つの方法があります。

▶ 等しい比の性質を使う

×90
6：5＝540：□
×90

540÷6＝90
5×90＝450円

答え　450円

▶ 内項の積と外項の積が等しいことを使う

外項の積
6：5＝540：□
内項の積

5×540＝2700
2700÷6＝450円

答え　450円

比に対する理解を深めるために、比例式を使う方法と線分図を使う方法、どちらでも解けるようにしておきましょう。

練習問題 1

たてと横の長さの比が3：4の長方形があります。この長方形のたての長さが15cm のとき、この長方形の面積は何 cm^2 ですか。

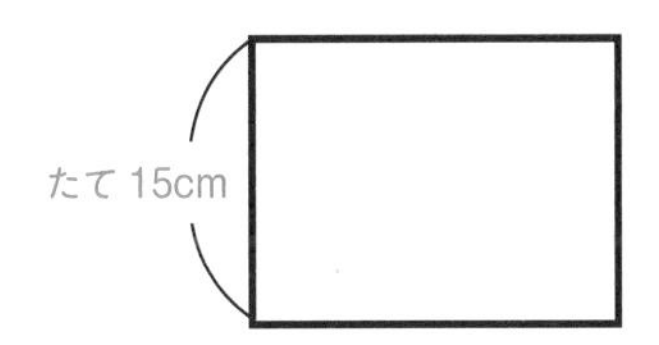

解答

線分図に表すと、右のようになります。
たての長さに注目すると、線分図の**3めもり分が15cm**にあたります。
3めもり分が15cmにあたるので、1めもり分は15÷3＝5cmです。
横の長さは4めもり分なので、5×4＝20cmです。

だから、この長方形の面積は、15×20＝300cm^2です。

答え **300cm^2**

横の長さを出してから面積を求める

15cm　□cm
たて（3めもり）　横（4めもり）

例題 2　えんぴつとボールペンが合わせて60本あります。えんぴつとボールペンの本数の比が5：7のとき、ボールペンは何本ありますか。

解答

線分図に表すと、右のようになります。

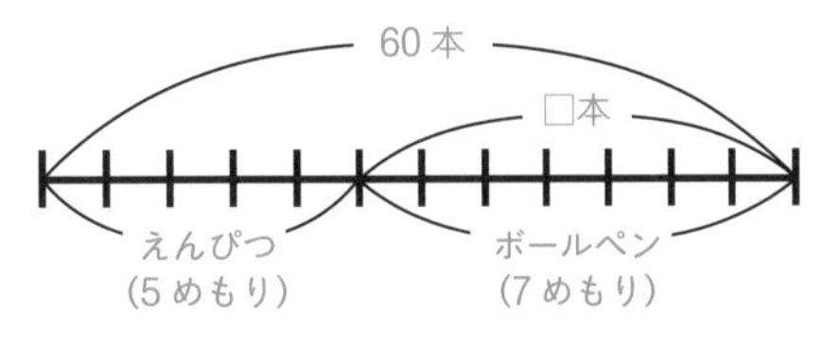

えんぴつの5めもり分と、ボールペン7めもり分をたした、5＋7＝**12めもり分が60本**にあたります。
12めもり分が60本にあたるので、1めもり分は60÷12＝5本です。
ボールペンは7めもり分なので、5×7＝35本です。

答え **35本**

練習問題 2

右の三角形で角の大きさの比は、ア：イ：ウ＝3：5：4です。
このとき、角イの大きさは何度ですか。

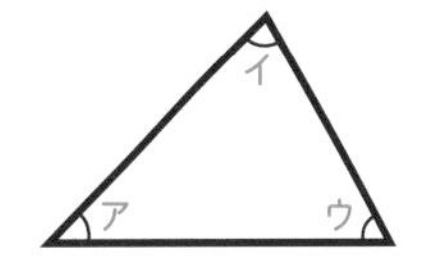

解答

三角形の内角の和は180度なので、ア、イ、ウの角の大きさの和は180度になります。
これをもとに、線分図に表すと、右のようになります。

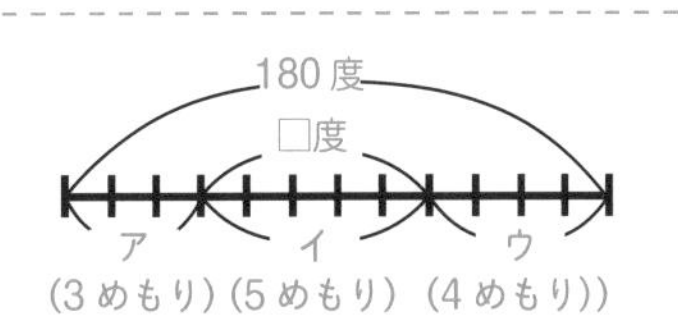

角ア、角イ、角ウのめもりをたした、3+5+4＝**12めもり分が180度**にあたります。
12めもり分が180度にあたるので、1めもり分は180÷12＝15度です。
角イは5めもり分なので、15×5＝75度です。

答え **75度**

PART 10 比

1 比例とは

ここが大切！

比例の式は「y ＝決まった数 × x」で表されます

例えば、たてが3cmで、横が$x$cmの長方形の面積を$y$cm^{2}とします。

たて3cm　面積$y$cm^2　横$x$cm

この場合のxとyの関係を表にすると、次のようになります。

横x（cm）	1	2	3	4	5	6
面積y（cm^2）	3	6	9	12	15	18

（x：1→2 2倍、1→3 3倍、3→6 2倍／y：3→6 2倍、3→9 3倍、9→18 2倍）

このとき、上の表のように、xが2倍、3倍、…になると、それにともなって、yも2倍、3倍、…になっています。

このように、**2つの量xとyがあって、xが2倍、3倍、…になると、それにともなって、yも2倍、3倍、…になる**とき、「yはxに比例（ひれい）する」といいます。

また、たてが3cmで、横が$x$cmの長方形の面積を$y$cm^{2}とするとき、たてと横の長さをかければ面積が求められるので、右の式が成り立ちます。

$$y = 3 \times x$$

面積 ＝ たて × 横

yがxに比例するとき、このように「y＝決まった数×x」という式が成り立ちます。上の式では、決まった数は3です。

比例の式　y ＝ 決まった数 × x

教えるときのポイント！

比例での「決まった数」の求めかた

次の 練習問題 （2）のような「xとyの関係を式に表しましょう」という問題を解くとき、「y＝決まった数×x」の「決まった数」を求める必要があります。
「y＝決まった数×x」という式を見ればわかるとおり、xの何倍がyになっているか調べればいいので、「決まった数」を求めるには、yの値をそれに対応するxの値で割ればよいのです。
例えば、先ほどの長方形の面積の表で、「$y \div x$」は、どれも「決まった数」の3になっています。

横x（cm）	1	2	3	4	5	6
面積y（cm²）	3	6	9	12	15	18
$y \div x$の答え	3	3	3	3	3	3

$y \div x$はどれも
決まった数の3になる

練習問題

右の表は、ある針金の長さxmと重さygの関係を表したものです。

長さx（m）	1	2	3	4	5	6
重さy（g）	12	24	36	48	60	72

（1）yはxに比例していますか。

（2）xとyの関係を式に表しましょう。

（3）xの値が9.5のとき、yの値を求めましょう。

（4）yの値が138のとき、xの値を求めましょう。

解答

（1）表では、右のように、xが2倍、3倍、…になると、それにともなって、yも2倍、3倍、…になっています。

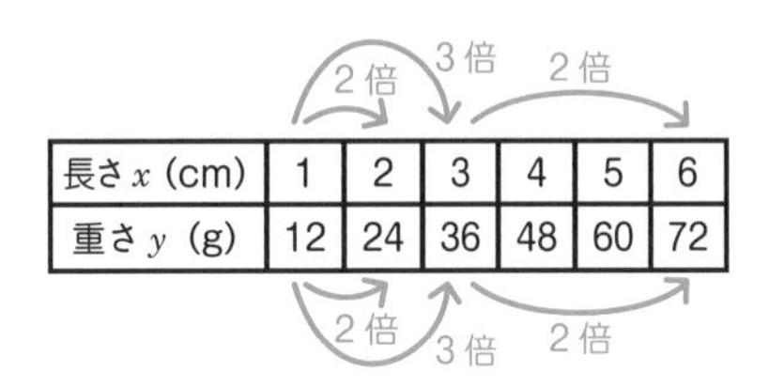

長さx（cm）	1	2	3	4	5	6
重さy（g）	12	24	36	48	60	72

だから、yはxに比例しています。

答え　比例している

（2）比例の式は「y＝決まった数×x」なので、決まった数を求めましょう。
yの値をそれに対応するxの値で割ると、決まった数が求められます。
例えば、xが2のとき、yは24なので、決まった数は、24÷2＝12です。
だから、式は「y＝12×x」です。

答え　$y = 12 \times x$

（3）(2)で求めた「y＝12×x」のxに9.5を入れて計算しましょう。
$y = 12 \times 9.5 = 114$

答え　$y = 114$

（4）(2)で求めた「y＝12×x」のyに138を入れると、
「138＝12×x」になります。
$x = 138 \div 12 = 11.5$

答え　$x = 11.5$

2 比例のグラフ

ここが大切！

比例のグラフは、0の点を通る直線になる！

y は x に比例しており、$y=2\times x$ の関係が成り立っているとします。
このとき、$y=2\times x$ のグラフはどうなるか調べてみましょう。

比例のグラフは、次の3ステップでかくことができます。

[ステップ1]　**x と y の関係を表にかく**

$y=2\times x$ について、x と y の関係を表にかくと、右のようになります。

x	0	1	2	3	4	5
y	0	2	4	6	8	10

[ステップ2]　**表をもとに、方眼上に点をとる**

表を見ながら方眼上に点をとると、下のようになります。横軸は x を表し、たて軸は y を表しています。

[ステップ3]　**点を直線で結ぶ**

[ステップ2] でとった点を直線でつなぐと、下のように、$y=2\times x$ のグラフをかくことができます。

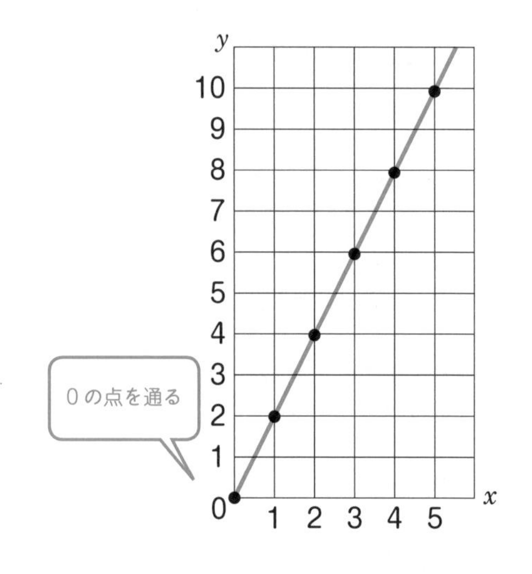

このように、比例のグラフは、0の点を通る直線になります。

教えるときのポイント！

これは比例のグラフ？

右の①と②のグラフは、比例のグラフだと思いますか？

①と②のグラフは直線ですが、どちらも0の点を通っていません。だから、どちらも比例のグラフではありません。「**0の点を通る直線**」が比例のグラフであることをおさえましょう。

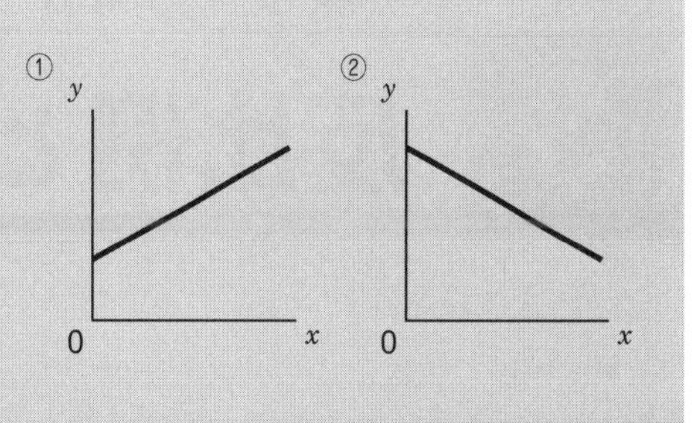

練習問題

直方体の形をした空の水そうに、1分あたり5cmずつ深くなるように、水を入れていきます。水を入れる時間をx分、水の深さを$y$cmとするとき、次の問いに答えましょう。

（1）xとyの関係を式に表しましょう。

（2）xとyの関係を、次の表にかきましょう。

時間x（分）	0	1	2	3	4	5
深さy（cm）						

（3）（2）の表をもとに、xとyの関係を下のグラフにかきましょう。

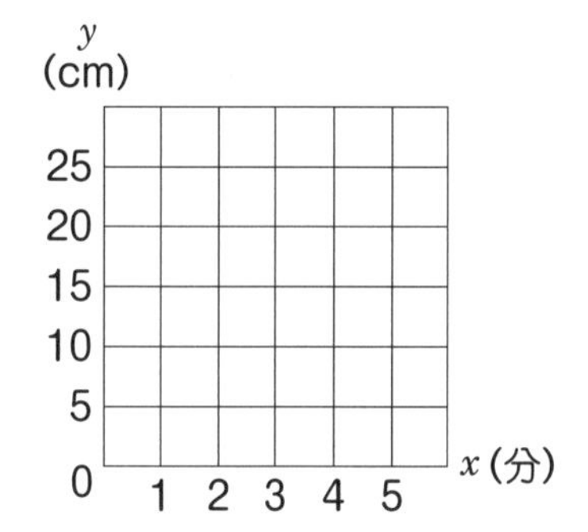

解答

（1）1分あたり5cmずつ深くなるので、5（cm）と水を入れる時間x（分）をかければ、水の深さy（cm）が求められます。だから、$y=5\times x$とみちびけます。

答え　$y=5\times x$

（2）$y=5\times x$について、xとyの関係を表にかくと、次のようになります。

時間x（分）	0	1	2	3	4	5
深さy（cm）	0	5	10	15	20	25

（3）（2）の表をもとにグラフに点をとり、点を直線で結ぶと、次のようになります。

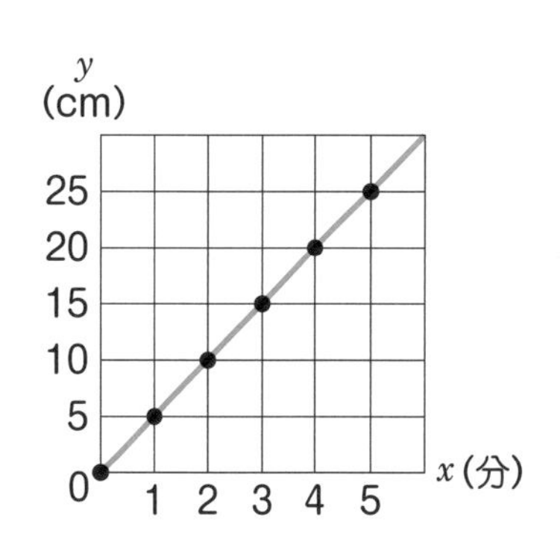

3 反比例とは

ここが大切！

反比例の式は「y ＝ 決まった数 ÷ x」で表されます

例えば、たてが $x$cm で、横が $y$cm の長方形の面積を6cm²とします。

たて $x$cm　面積 6cm²　横 $y$cm

この場合の、x と y の関係を表にすると、次のようになります。

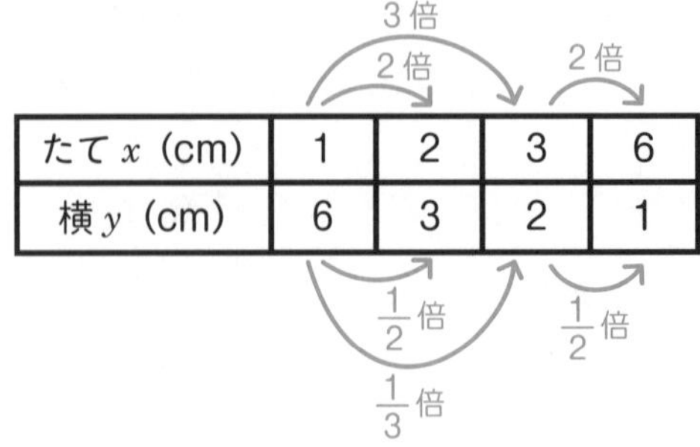

たて x（cm）	1	2	3	6
横 y（cm）	6	3	2	1

このとき、x が2倍、3倍、…になると、それにともなって、y が$\frac{1}{2}$倍、$\frac{1}{3}$倍、…になっています。

このように、**2つの量 x と y があって、x が2倍、3倍、…になると、それにともなって、y が$\frac{1}{2}$倍、$\frac{1}{3}$倍、…になる**とき、「y は x に反比例する」といいます。

また、たてが $x$cm で、横が $y$cm の長方形の面積を6㎠とするとき、面積をたての長さで割れば、横の長さが求められるので、右の式が成り立ちます。

y ＝ 6 ÷ x
横 ＝ 面積 ÷ たて

y が x に反比例するとき、このように「y ＝決まった数÷ x」という式が成り立ちます。上の式では、決まった数は6です。

反比例の式　y ＝ 決まった数 ÷ x

教えるときのポイント！

反比例での「決まった数」の求めかた

たて x（cm）	1	2	3	6
横 y（cm）	6	3	2	1
$x \times y$ の答え	6	6	6	6

$x \times y$ はどれも決まった数の6になる

次の 練習問題 （2）のような「x と y の関係を式に表しましょう」という問題を解くとき、「y ＝決まった数÷ x」の「決まった数」を求める必要があります。
先ほどの長方形の例では、たての長さ（$x$cm）と横の長さ（$y$cm）をかければ、「決まった数」である面積（6cm²）が求められます。
ですから、「決まった数」を求めるには、x の値とそれに対応する y の値をかければよいのです。
例えば、先ほどの長方形の面積の表で、「$x \times y$」は、どれも「決まった数」の6になっています。

練習問題

右の表は、面積が18cm²の平行四辺形の底辺の長さ $x$cm と高さ $y$cm の関係を表したものです。

底辺 x（cm）	1	2	3	6	9	18
高さ y（cm）	18	9	6	3	2	1

（1）y は x に反比例していますか。

（2）x と y の関係を式に表しましょう。

（3）x の値が4.5のとき、y の値を求めましょう。

解答

（1）表では、右のように、xが2倍、3倍、…になると、それにともなって、yが$\frac{1}{2}$倍、$\frac{1}{3}$倍、…になっています。

底辺 x (cm)	1	2	3	6	9	18
高さ y (cm)	18	9	6	3	2	1

2倍　3倍　2倍　3倍
$\frac{1}{2}$倍　$\frac{1}{3}$倍　$\frac{1}{2}$倍　$\frac{1}{3}$倍

だから、yはxに反比例しています。

答え　反比例している

（2）平行四辺形の面積（18cm²）を、底辺の長さ（$x$cm）で割ると、高さ（$y$cm）が求められるので、式は「y＝18÷x」となります。

答え　y ＝18÷ x

（3）（2）で求めた「y＝18÷x」のxに4.5を入れて計算しましょう。
y＝18÷4.5＝4

答え　y ＝4

4 反比例のグラフ

ここが大切！

反比例のグラフは、なめらかな曲線になる！

y は x に反比例しており、$y=12\div x$ の関係が成り立っているとします。
このとき、$y=12\div x$ のグラフはどうなるか調べてみましょう。

反比例のグラフは、次の3ステップでかくことができます。

［ステップ1］ **x と y の関係を表にかく**
$y=12\div x$ について、x と y の関係を表にかくと、右のようになります。

x	1	2	3	4	6	12
y	12	6	4	3	2	1

［ステップ2］ **表をもとに、方眼上に点をとる**
表を見ながら、方眼上に点をとると、下のようになります。

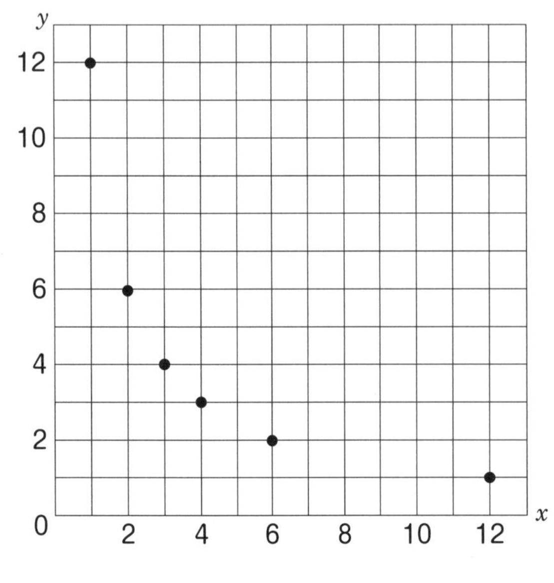

［ステップ3］ **点をなめらかな曲線で結ぶ**
［ステップ2］でとった点をなめらかな曲線でつなぐと、下のように、$y=12\div x$ のグラフをかくことができます。

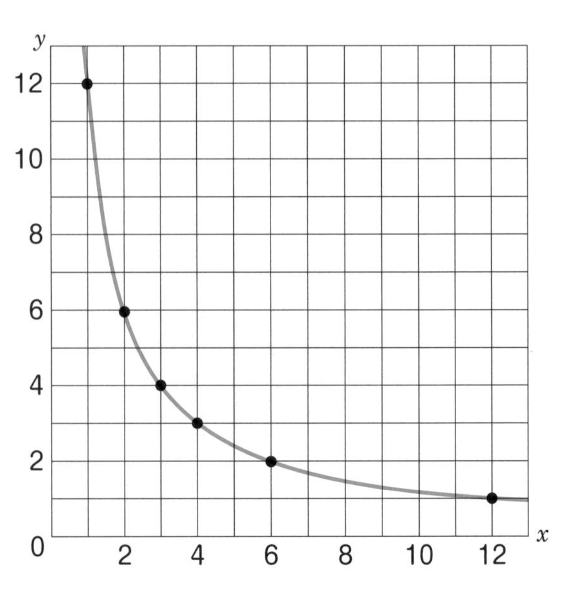

このように、反比例のグラフは、なめらかな曲線になります。

教えるときのポイント！

反比例のグラフは定規を使わない！

反比例のグラフをかくとき、方眼上に点をとった後、右の図１のように定規を使って、直線で点を結んでしまう子がいます。

しかし、テストなどで、図１のようにかいてしまうと、△か×になってしまうので注意しましょう。
反比例のグラフは図2のような、なめらかな曲線なので、定規を使わずに手がきで曲線をかく必要があります。

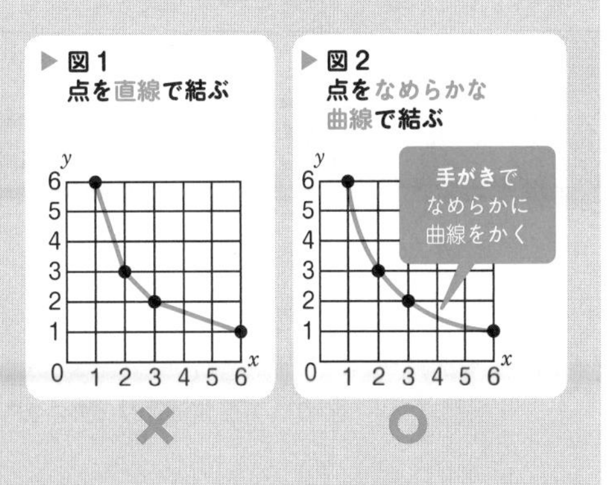

練習問題

20km の道のりを行くときの、時速 $x$km とかかる時間 y 時間の関係について、次の問いに答えましょう。

（１）x と y の関係を式に表しましょう。

（２）x と y の関係を、次の表にかきましょう。

時速x (km)	1	2	4	5	10	20
時間y (時間)						

（３）（２）の表をもとに、x と y の関係を下のグラフにかきましょう。

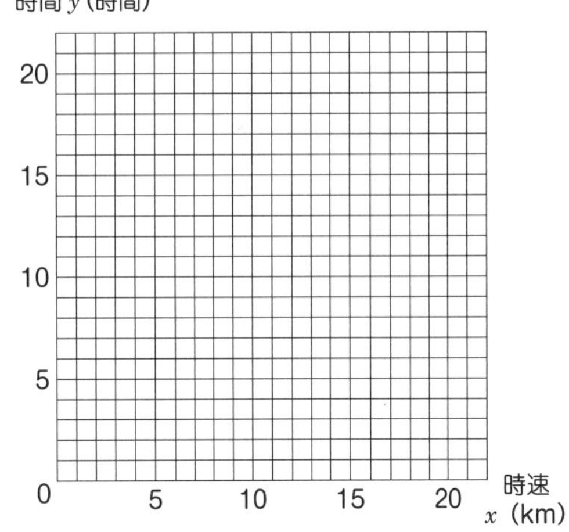

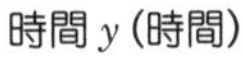

解答

（１）「時間＝道のり÷速さ」なので、$y=20\div x$

答え　$y=20\div x$

（２）$y=20\div x$について、xとyの関係を表にかくと、次のようになります。

時速x (km)	1	2	4	5	10	20
時間y (時間)	20	10	5	4	2	1

（３）（２）の表をもとに、グラフに点をとり、なめらかな曲線で結ぶと、次のようになります。

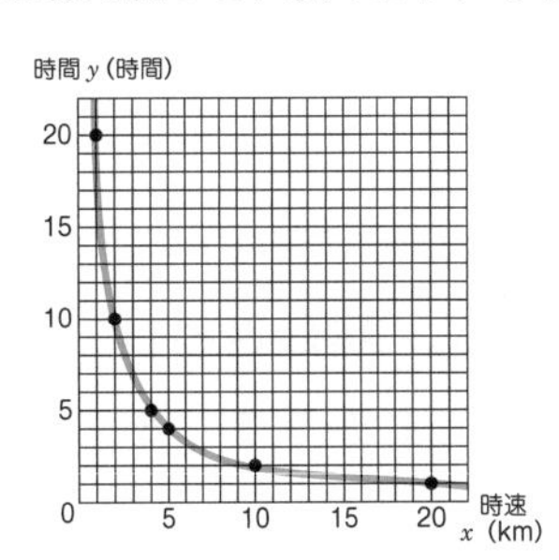

1 並べかた

ここが大切！

樹形図をかいて何通りあるか調べよう！

あることがらが起こるのが何通りあるかを場合の数といいます。
場合の数は、大きく「並べかた」と「組み合わせ」の２つに分けられますが、まず「並べかた」について学んでいきます。

並べかたが何通りあるか調べるときに役に立つのが、**樹形図**です。木が枝分かれしているように見えるので、樹形図といいます。
樹形図を使うことによって、**もれや重なりのないように、何通りあるか調べる**ことができます。

樹形図のかきかたについて、次の例題を解きながら、解説していきます。

例題 A、B、Cの３人が、チームを組んでリレーに出場します。３人の走る順番は、全部で何通りありますか。

解答

樹形図をかいて、何通りあるか調べていきます。
第１走者、第２走者、第３走者に分けて考えます。

[樹形図のかきかた]

①まず、**第１走者がＡのとき**を考えます。第１走者がＡのとき、第２走者はＢかＣになるので、それを右のようにかき表します。

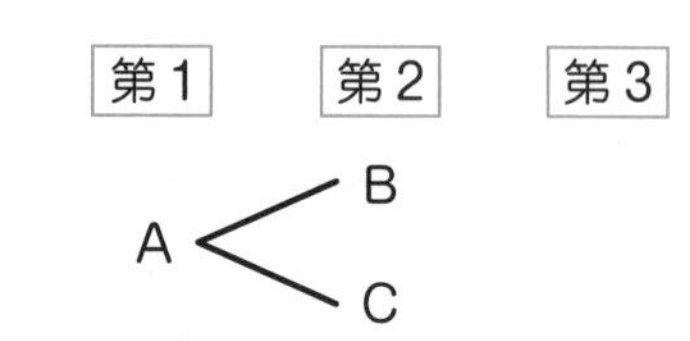

②第２走者がＢのとき、第３走者はＣになります。また、第２走者がＣのとき、第３走者はＢになります。これを右のようにかき表します。

③同じように、第１走者がＢのときと、第１走者がＣのときをそれぞれかき表すと、右のように樹形図が完成します。

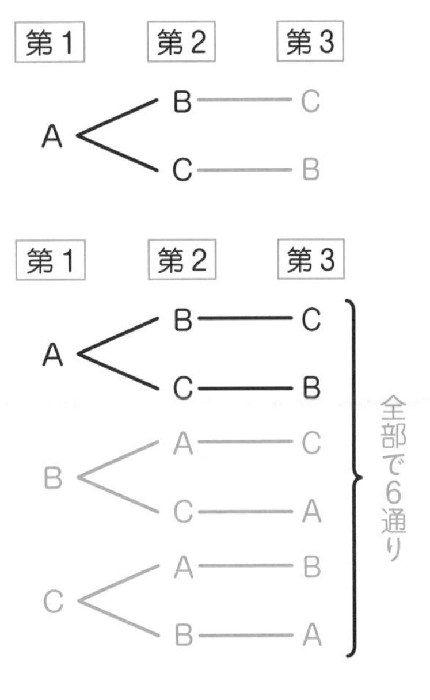

樹形図から、３人の走る順番は、全部で６通りあることがわかります。

答え　６通り

練習問題

[5]、[6]、[7]、[8]の４枚のカードがあります。この４枚のカードを使って４けたの整数をつくるとき、４けたの整数は全部で何通りできますか。

解答

千の位、百の位、十の位、一の位に分けて考えます。

千の位に[5]をおくときの樹形図をかくと、右のようになります。

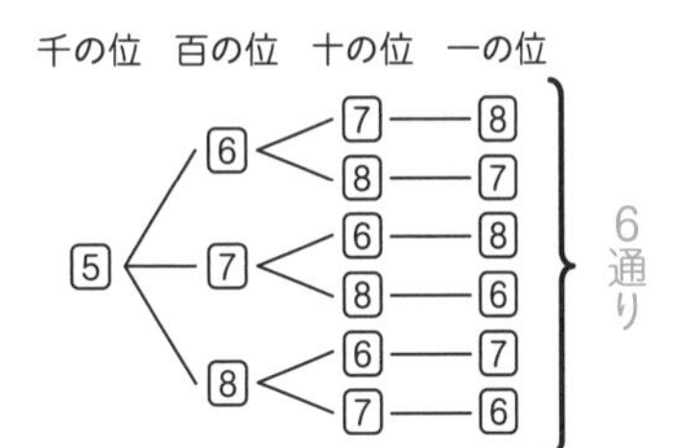

この樹形図から、千の位に[5]をおく並べかたは６通りあることがわかります。

同じように、千の位に[6]、[7]、[8]のカードをおくときも、それぞれ６通りずつあります。だから、４けたの整数は全部で６×４＝24通りできます。

答え　24通り

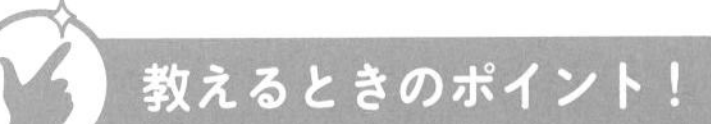

すべての樹形図をかく必要はない

練習問題 の答えは24通りでしたが、（解答）では、千の位に[5]をおく場合の樹形図（６通り分）だけをかきました。
千の位に[5]をおく場合の樹形図をかくことで、千の位に[6]、[7]、[8]のカードをおくときも、それぞれ６通りずつだと考えることができるため、かくのをはぶけるのです。
学校のテストなどでも、すべての樹形図をかくと、時間がかかってしまいます。ですから、全体の樹形図が予想できる場合は、一部の樹形図だけかいて考えればよいのです。

2 組み合わせ

ここが大切！

順番を考えるのが、並べかた
順番を考えないのが、組み合わせ

例題 Ⓐ、Ⓑ、Ⓒの３枚のカードがあります。このとき、次の問いに答えましょう。

（１）この３枚のカードのうち、２枚を並べる並べかたは何通りありますか。

（２）この３枚のカードのうち、２枚を選ぶ組み合わせは何通りありますか。

解答

（１）が並べかたの問題で、（２）が組み合わせの問題です。問題を解きながら、並べかたと組み合わせの違いを見ていきましょう。

（１）３枚のカードのうち、２枚を並べる並べかたを樹形図で調べると、右のようになります。

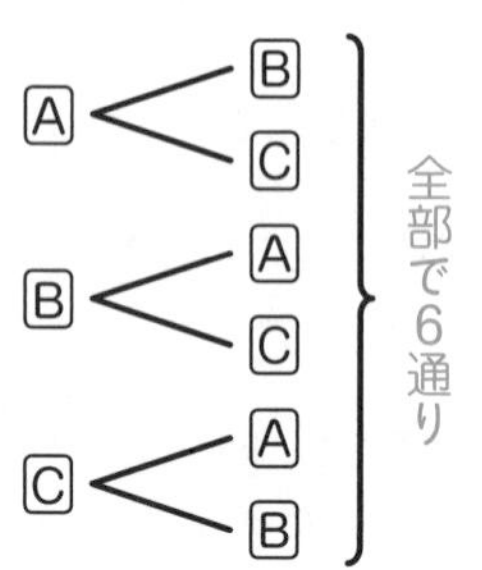

これにより、３枚のカードのうち、２枚を並べる並べかたは６通りです。

答え　**６通り**

（２）（１）では、例えば、Ⓐ－Ⓑと、Ⓑ－Ⓐという並べかたを区別して２通りとしました。しかし、（２）では、「選ぶ」だけですので、Ⓐ－Ⓑと、Ⓑ－Ⓐを区別せず、合わせて１通りとします。

（１）の樹形図で、Ⓐ－Ⓑと、Ⓑ－Ⓐのように重なっているものに×をつけると、右のようになります。

A＜B、C

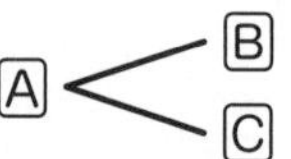

→（Ⓐ、Ⓑ）、（Ⓐ、Ⓒ）
（Ⓑ、Ⓒ）の３通りが残る

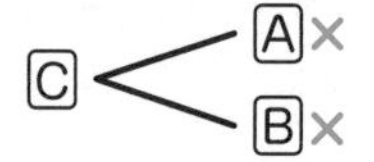

これにより、３枚のカードのうち、２枚を選ぶ組み合わせは３通りです。

答え　**３通り**

教えるときのポイント！

並べかたと組み合わせを区別する！

「場合の数」の単元で一番大事なのは、並べかたと組み合わせの違いをきちんと区別できるようになることです。

例題（1）のように、並べる順番を考えるのが「並べかた」です。

一方、例題（2）のように、順番を考えないのが「組み合わせ」です。

（1）（2）の問題文を比べてみると、「並べる並べかた」「選ぶ組み合わせ」の部分が違うだけです。それだけの違いなのに、答えが変わってくることに注意しましょう。

練習問題

赤、青、黄、白の４枚のカードがあります。この４枚から違う２枚を選ぶとき、その組み合わせは全部で何通りありますか。

解答

赤、青、黄、白の４枚のカードのうち、２枚を並べる並べかたを樹形図でかき、重複しているものに×をつけると、次のようになります。

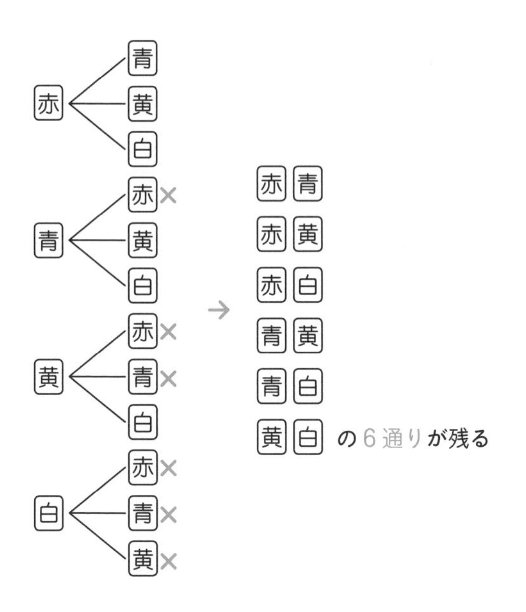

これにより、組み合わせは全部で**６通り**です。

答え　６通り

1 代表値とドットプロット

ここが大切！

平均値、中央値、最頻値、ドットプロットのそれぞれの意味をおさえよう！

調査や実験などによって得られた数や量の集まりを、データといいます。
データ全体の特徴を、1つの数値で表すとき、その数値を代表値といいます。
代表値には、平均値、中央値、最頻値などがあります。

練習問題1

11人の生徒に、5問のクイズを出したとき、正解の数はそれぞれ次のようになりました。このとき、後の問いに答えましょう。

5　1　4　3　4　0　2　2　5　4　3（問）

（1）このデータの平均値は何問ですか。
（2）このデータの中央値は何問ですか。
（3）このデータを、右の図にドットプロットとして表しましょう。
（4）このデータの最頻値は何問ですか。

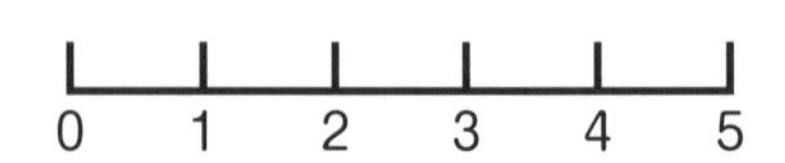

解答

（1）**「データの値の合計」を「データの値の個数」で割ったもの**を、平均値といいます。

$(5+1+4+3+4+0+2+2+5+4+3) \div 11$

データの値の合計　個数

$=33 \div 11=3$

答え　3問

（2）**データを小さい順に並べたとき、中央にくる値**を、中央値、またはメジアンといいます。
この 練習問題1 のデータを小さい順に並べて、中央値を調べると、次のようになります。

0　1　2　2　3　③　4　4　4　5　5

5こ　中央値　5こ

答え　3問

（3）この 練習問題1 のデータを、ドットプロットに表すと、右のようになります。
右のように、**数直線上に、データを点（ドット）で表した図**を、ドットプロットといいます。

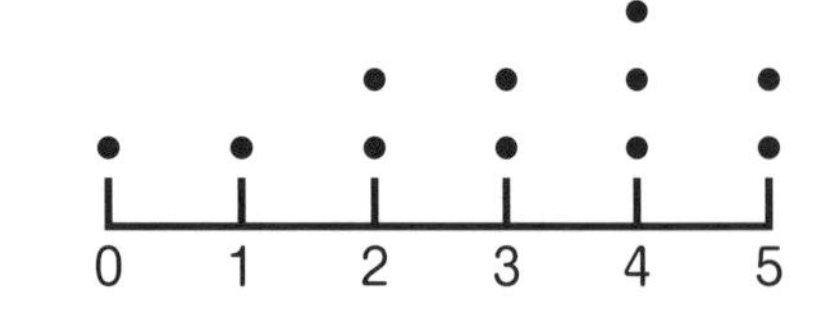

（4）**データの中で、最も個数の多い値**を、最頻値、またはモードといいます。
（3）のドットプロットをみると、最頻値は4問だとわかります。

答え　4問

教えるときのポイント！

2020年度から小6の範囲になった「代表値」と「ドットプロット」

この項目で解説した、代表値とドットプロットという用語はどちらも2020年度からの新しい学習指導要領では、小学6年の範囲になりました。
難しそうな印象をもった方もいるかもしれませんが、この項目で使うのは、比較的かんたんな計算だけです。計算自体はかんたんなので、平均値、中央値、最頻値の意味と求めかたをおさえることに力を入れましょう。
ドットプロットという用語も、初耳の方もいるかもしれませんが、その意味は難しくないので、安心してください。

練習問題2

10人の生徒が、今月に図書館で借りた本の冊数を調べたところ、次のようになりました。このとき、後の問いに答えましょう。また、答えが小数か分数になる場合、小数で答えてください。

9　5　6　5　8　6　5　3　6　5（冊）

(1) このデータの平均値は何冊ですか。

(2) このデータの中央値は何冊ですか。

(3) このデータを、右の図にドットプロットとして表しましょう。

(4) このデータの最頻値は何冊ですか。

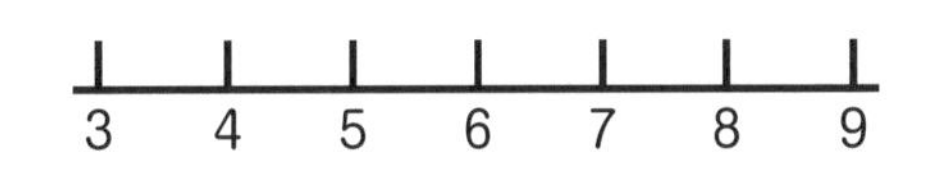

解答

(1)「データの値の合計」を「データの値の個数」で割ったものが、平均値なので、次のように求められます。

$(9+5+6+5+8+6+5+3+6+5) \div 10$（データの値の合計 ÷ 個数）

$=58 \div 10=5.8$

答え　5.8冊

(2) データを小さい順に並べたとき、中央にくる値が、中央値です。データの個数が偶数（この問題では10こ）のとき、次のように、**中央に2つの値が並びます**（この場合、5と6）。

←中央に2つの値が並ぶ

3　5　5　5　(5　6)　6　6　8　9

このようなときは、中央の2つの値の平均値を、中央値とするようにしましょう。5と6の平均値を求めると、次のようになります。

$(5+6) \div 2=5.5$（合計 ÷ 個数）

答え　5.5冊

(3) この練習問題2のデータを、ドットプロットに表すと、次のようになります。

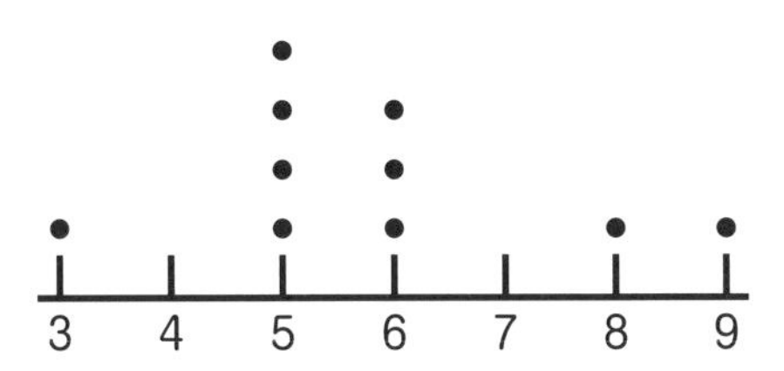

(4) データの中で、最も個数の多い値が最頻値です。(3)のドットプロットをみると、最頻値は5冊だとわかります。

答え　5冊

2 度数分布表と柱状グラフ

ここが大切！

度数分布表と柱状グラフについての用語とその意味をおさえよう！

あるクラスの35人全員のテスト結果を、右のように、表に表しました。

点数（点）	人数（人）
50 以上～ 60 未満	5
60 ～ 70	9
70 ～ 80	12
80 ～ 90	6
90 ～ 100	3
合計	35

この表について、次の用語の意味をおさえましょう。

階級 … **区切られたそれぞれの区間**（上の表で、50点以上60点未満など）

階級の幅 … **区間の幅**（上の表の階級の幅は、10点）

度数 … **それぞれの階級に含まれるデータの個数**（上の表で、例えば、60点以上70点未満の度数は、9）

度数分布表 … 上の表のように、**データをいくつかの階級に区切って、それぞれの階級の度数を表した表**

上の度数分布表を、右のようなグラフとして表すこともできます（横軸は点数を、たて軸は人数をそれぞれ表します）。

右のように、**それぞれの度数を、長方形の柱のように表したグラフ**を、**柱状グラフ**、または、**ヒストグラム**といいます。

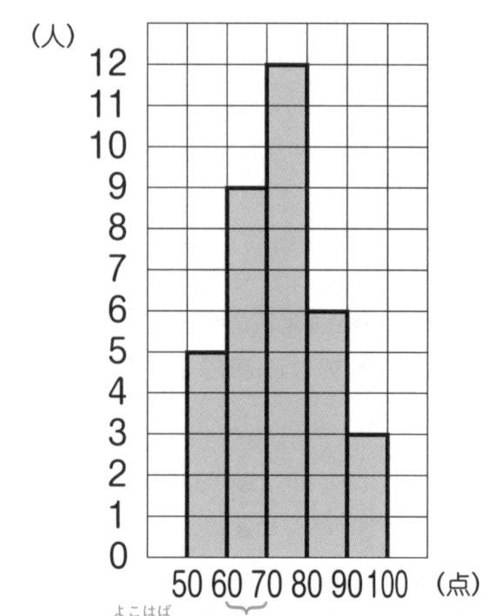

例えば、この横幅は「60点以上70点未満」を表す

参照

教えるときのポイント！

「以上」と「未満」の意味をしっかりおさえよう！

度数分布表や柱状グラフをつくるとき、「以上」と「未満」の意味をしっかりおさえる必要があります。例えば、「70以上」は、「70と等しいか、70より大きい」という意味です。一方、例えば、「80未満」は「80より小さい」という意味です。まとめると、次のようになります。

[例] 70以上（70と等しいか、70より大きい）→70を含む
80未満（80より小さい）→80を含まない

「以上」と「未満」の意味を確実におさえて、度数分布表や柱状グラフをつくるときにミスしないように注意しましょう。

練習問題

20人の生徒がボール投げを行ったところ、それぞれの結果は、次のようになりました。このとき、後の問いに答えましょう。

24m	15m	11m	23m	31m	20m	17m	20m	19m	27m
25m	14m	22m	29m	21m	16m	23m	17m	12m	28m

（1）20人のボール投げの結果を、度数分布表に表しましょう。

ボールの飛んだ距離（m）	人数（人）
10 以上 ～ 15 未満	
15 ～ 20	
20 ～ 25	
25 ～ 30	
30 ～ 35	
合計	

（2）20人のボール投げの結果を、柱状グラフに表しましょう。

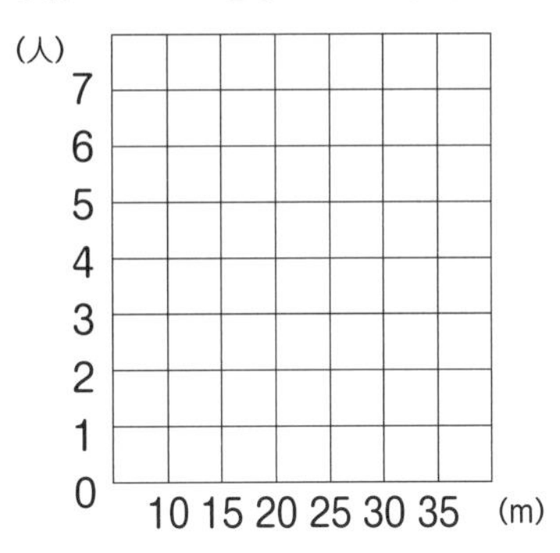

解答

（1）20人のボール投げの結果を、度数分布表に表すと、次のようになります。

ボールの飛んだ距離（m）	人数（人）
10 以上 ～ 15 未満	3
15 ～ 20	5
20 ～ 25	7
25 ～ 30	4
30 ～ 35	1
合計	20

（2）（1）の度数分布表をもとに、柱状グラフに表すと、次のようになります。

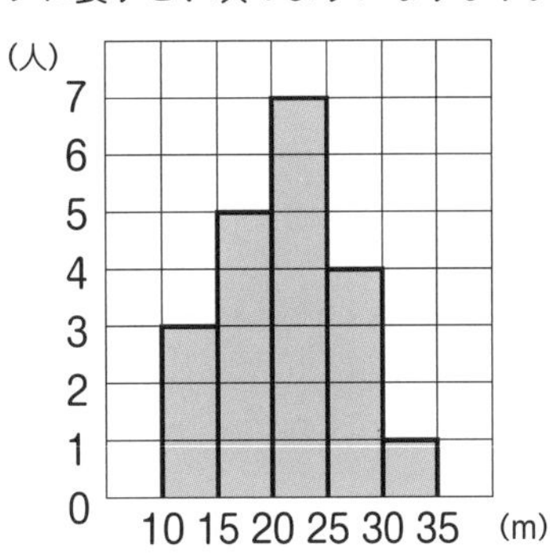

索引

あ行

か行

さ行

た行

な行

は行

ま行

や行

ら行

わ行

※太字のページには、用語の解説が詳しく載っています。

著者紹介

小杉　拓也（こすぎ・たくや）

◉――東大卒プロ算数講師、志進ゼミナール塾長。東大在学時から、プロ家庭教師、中学受験塾SAPIXグループの個別指導塾などで指導経験を積み、常にキャンセル待ちの人気講師として活躍。

◉――現在は、自身で立ち上げた中学・高校受験の個別指導塾「志進ゼミナール」で生徒の指導を行う。とくに中学受験対策を得意とし、毎年難関中学に合格者を輩出。指導教科は小学校と中学校の全科目で、暗算法の開発や研究にも力を入れている。算数が苦手だった子の偏差値を45から65に上げるなど、着実に成績を伸ばす指導に定評がある。

◉――もともと算数や数学が得意だったわけではなく、中学３年生のときの試験では、学年で下から３番目の成績。分厚い数学の問題集をすべて解いても成績が上がらなかったため、基本に立ち返って教科書で勉強をしたところ、テストで点数がとれるようになる。それだけでなく、ほとんど塾に通わずに現役で東大に合格するほど学力が伸びた。この経験から、「自分にとって難しすぎる問題集を解いても無意味」ということを知り、苦手意識のある生徒の学力向上に活かしている。

◉――著書は、シリーズでベストセラーとなった『小学校６年間の算数が１冊でしっかりわかる問題集』『中学校３年間の数学が１冊でしっかりわかる本』『高校の数学Ⅰ・Aが１冊でしっかりわかる本』（すべてかんき出版）、『小学校６年分の算数が教えられるほどよくわかる』（ベレ出版）など多数ある。

◉――本書は、20万部のベストセラーとなった『小学校６年間の算数が１冊でしっかりわかる本』を、2020年度からの新学習指導要領に対応させた改訂版である。

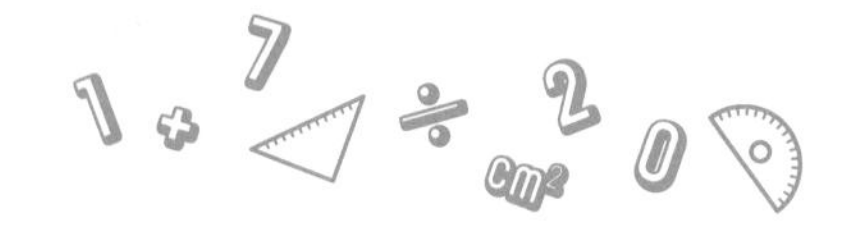

改訂版 小学校6年間の算数が1冊でしっかりわかる本

2015年10月19日　初版　第１刷発行
2020年１月６日　改訂版第１刷発行
2023年12月18日　改訂版第17刷発行

著　者――小杉　拓也©
発行者――齊藤　龍男
発行所――株式会社かんき出版
東京都千代田区麹町4-1-4 西脇ビル　〒102-0083
電話　営業部：03(3262)8011㈹　編集部：03(3262)8012㈹
FAX　03(3234)4421　振替　00100-2-62304
http://www.kanki-pub.co.jp/
印刷所――図書印刷株式会社

・カバーデザイン
Isshiki
・本文デザイン
二ノ宮　匡（ニクスインク）
・DTP
茂呂田　剛（エムアンドケイ）
畑山　栄美子（エムアンドケイ）

ISBN978-4-7612-7465-8 C6041